積分

改訂版

上見練太郎　勝股　脩
加藤　重雄　久保田幸次
神保　秀一　山口　佳三

共 著

共立出版

改訂版の序文

　初版の『微分』および『積分』が 1995 年に出版されてから 18 年あまり経ち，多くの人々に使用されてきた．この間に学生諸君や授業のテキストとして利用していただいた教員の方々などから意見や感想などを頂いた．それらに接して両書の中で改良すべき箇所がいくつか浮かび上がってきた．そして先般『微分』を改訂し，それに従うかたちでこの『積分』の改訂版を出版するに至った．

　改訂内容に簡単に触れる．各章の冒頭に概要や背景などを簡明に記述した．これによって自然に本文の内容の学習を始められるよう工夫した．いくつかの記号や用語，さらに概念の定義について，より標準的なものにした．数学における様々な記号や概念や関連する定理などについてさらに知りたい方は，数学辞典（岩波）*を参照されたい．本書もこの書物に準拠するようにした．『微分』，『積分』の両書ともに，関数の基本的性質を身につけたうえで代表的な関数の計算に習熟することを目的としている．よって，学生の皆さんには例題や練習問題を自分の手で解いて味わってみることを強くおすすめしたい．

　本書に関して様々な意見を頂き，また日頃より微分積分の講義や教育に関してご教示を与えてくれている北海道大学数学教室の教員の皆さんに感謝したいと思います．また，本書がより多くの学生諸君の微分積分の学習に役立つことを祈願したいと思います．

2014 年 8 月

著　　者

---

* 日本数学会 編集,『岩波 数学辞典 第 4 版』, 岩波書店, 2007.

序　文

　本書は，大学初年度に学ぶ微分積分学のうち積分法についてのテキストである．微分積分法は，微分方程式，関数解析，確率論など重要な理論の基礎をなす部分であるが，これらの数学理論は近年，数学以外のさまざまな自然科学や社会科学の最前線で用いられ，その応用範囲はますます広がりつつある．したがって，将来いろいろな分野に進む多くの学生にとって，微分積分法は多少とも必ず身につけねばならない素養といえるであろう．

　このような状況と高等学校における数学教育の継続性を考え，本書は数学的な厳密性や整合性より，応用力や実用する力を養うことに主眼をおいて執筆した．とくに，重要な関数や方程式に対する計算力がつくように心がけた．よって，本書は理工系学生のみならず文系学生にも使用可能と思われる．

　本書の構成は，1変数関数の積分法，重積分法の2章からなり，各章の各節に問および練習問題がある．素材はいずれも基本的なものであり，問は定義または定理より直接的に解けるものであり，練習問題は計算力をつけ，節の内容の理解を深めることに役立つ．また，問と練習問題の解答に多くの頁数をさいたのが本書の特徴の一つである．なお，各章の最後に「補足」の節が設けられている．この節では，すでに証明なしで述べた定理等の証明やより進んだ内容事項の説明があり，これらを学習することによってより深い理解が得られるであろう．

　積分は微分の逆演算と考えられ，本書では微分法の手法が随所で用いられている．したがって，拙著『微分（共立出版）』もあわせて使用していただきたい．

　学生諸君が本書によって積分法の基礎を習得され，将来さまざまな分野で活用していただければ幸いである．

　最後に，本書の執筆をお薦めくださった共立出版(株)の佐藤雅明氏，植山光陽氏ならびに石井徹也氏に感謝の意を表したい．

1995年7月

著　者

目　次

改訂版の序文
序　文

第1章　1変数関数の積分法 ………………………… 1
§1.1　原始関数　　1
§1.2　定積分の定義と性質　　10
§1.3　定積分の計算　　14
§1.4　広義積分　　20
§1.5　積分の応用　　29
§1.6　補　足　　34

第2章　重積分法 …………………………………… 47
§2.1　2重積分の定義と性質　　47
§2.2　重積分の累次化　　52
§2.3　変数変換　　60
§2.4　広義重積分　　65
§2.5　多重積分　　70
§2.6　線積分とGreenの定理　　83
§2.7　補　足　　91

問題の略解またはヒント ……………………………… 101
索　引 ………………………………………………… 125

第1章

1変数関数の積分法

　積分の考え方は古く，その起源は古代ギリシアの時代にさかのぼるといわれている．そのひとつは，農耕のため土地の面積を測るという行為として現れた．長方形の面積は（底辺）×（高さ）で自然に定められる．それでは，境界線が曲がっている図形の面積はどうなるのだろうか？　図形を小さい長方形に小分けして近似し，多数の長方形の面積から積算する方法が用いられた．区分求積の考え方はこのように自然な流れで現れたが，これは理論的にも有効で，現代の積分論の基礎となるものである．古代ギリシアの数学者は，円周率や円の面積や球の体積について多くを知るに至った．しかし，微分の考えと積分の考えが結びつき，微分積分学が急速に発展するまで，さらに千年以上の時間を要した．微分積分学は人間が長大な時間をかけて得たものといえる．

§1.1　原始関数

　関数 f に対し，$F'(x) = f(x)$ となる関数 F を f の**原始関数**という．f を区間 I 上の関数とし，その一つの原始関数を F とおく．f の任意の原始関数を G とすると

$$G'(x) = f(x) = F'(x) \quad (x \in I)$$

したがって，定数 C によりつぎのように表せる（『微分』[*]，§2.3，定理 2.9 の系 1）．

$$G(x) = F(x) + C \quad (x \in I)$$

つまり，区間上での原始関数は，一つがわかれば他はすべてそれに定数を加えて得られる．f の原始関数を $\int f(x)dx$ で表し，原始関数を求めることを積分するという．

---

　[*] 本書での『微分』の参照箇所は，改訂版の『微分 改訂版』(2014) にも対応している．

例 1 $(\arctan x)' = \dfrac{1}{1+x^2}$ である．よって C を任意の定数とし
$$\int \frac{1}{1+x^2} dx = \arctan x + C \quad (-\infty < x < \infty)$$
となる．ここで C は**積分定数**と呼ばれている．区間上の関数 $f(x)$ の原始関数は，一つの原始関数からすべて定まるので，この節では $\int f(x)dx$ を求めるとき積分定数や変域を省略し
$$\int \frac{1}{1+x^2} dx = \arctan x$$
のように代表的な原始関数を一つだけ書くことにする．$f(x) = \dfrac{1}{x}$ など区間の和集合を定義域とする関数では
$$\left(\int \frac{dx}{x} = \right) \quad \int \frac{1}{x} dx = \log |x|$$
のように各区間上での原始関数を一括して代表させることがある．

基本的な原始関数

(1) $\displaystyle\int x^a dx = \dfrac{1}{a+1} x^{a+1} \quad (a \neq -1)$

(2) $\displaystyle\int \dfrac{1}{x} dx = \log |x|$

(3) $\displaystyle\int \dfrac{1}{x^2 + a^2} dx = \dfrac{1}{a} \arctan \dfrac{x}{a}$ （以下 $a \neq 0$ とする）

(4) $\displaystyle\int \dfrac{1}{x^2 - a^2} dx = \dfrac{1}{2a} \log \left| \dfrac{x-a}{x+a} \right|$

(5) $\displaystyle\int \dfrac{x}{\sqrt{a \pm x^2}} dx = \pm \sqrt{a \pm x^2}$ （複号同順）

(6) $\displaystyle\int \dfrac{1}{\sqrt{a^2 - x^2}} dx = \arcsin \dfrac{x}{a} \quad (a > 0)$

(7) $\displaystyle\int \sqrt{a^2 - x^2} dx = \dfrac{1}{2} \left(x\sqrt{a^2 - x^2} + a^2 \arcsin \dfrac{x}{a} \right) \quad (a > 0)$

(8) $\displaystyle\int \dfrac{1}{\sqrt{x^2 + a}} dx = \log |x + \sqrt{x^2 + a}|$

(9) $\displaystyle\int \sqrt{x^2+a}\,dx = \frac{1}{2}(x\sqrt{x^2+a} + a\log|x+\sqrt{x^2+a}|)$

(10) $\displaystyle\int e^{ax}dx = \frac{1}{a}e^{ax}$

(11) $\displaystyle\int \log x\,dx = x\log x - x$

(12) $\displaystyle\int \cos ax\,dx = \frac{1}{a}\sin ax$

(13) $\displaystyle\int \sin ax\,dx = \frac{-1}{a}\cos ax$

(14) $\displaystyle\int \tan ax\,dx = \frac{-1}{a}\log|\cos ax|$

(15) $\displaystyle\int \frac{1}{\cos^2 x}dx = \tan x$

これらはいずれも，右辺の関数を微分して確かめることができる．ここに挙げていないような関数を積分する場合は，つぎの一般的な公式 (i)〜(v) などを利用して，上記の基本的な原始関数に帰着させるとよい．

(i) 線形性（h, k 定数）
$$\int (hf(x) + kg(x))dx = h\int f(x)dx + k\int g(x)dx$$

(ii) 置換積分法（変数変換法）
$$\int f(x)dx = \int f(g(t))g'(t)dt \quad (x = g(t))$$

同じことだが
$$\int f(g(x))g'(x)dx = \int f(t)dt \quad (g(x) = t)$$

(iii) 部分積分法
$$\int f(x)g'(x)dx = f(x)g(x) - \int f'(x)g(x)dx$$

これを，つぎのように使うことがある．$G(x) = \displaystyle\int g(x)dx$ とおくと

$$\int f(x)g(x)dx = f(x)G(x) - \int f'(x)G(x)dx$$

(ii)，(iii) の特殊な場合にあたるが，しばしば使われるものとして

(iv)　（対数微分法または (ii) から）

$$\int \frac{f'(x)}{f(x)}dx = \log|f(x)|$$

(v)　（部分積分法から）

$$\int f(x)dx = xf(x) - \int xf'(x)dx$$

例 2　基本的な原始関数の (4) は，つぎのようにも導ける．

$$\frac{1}{x^2-a^2} = \frac{1}{(x-a)(x+a)} = \frac{1}{2a}\left(\frac{1}{x-a} - \frac{1}{x+a}\right)$$

よって，(i) と (iv) により

$$\int \frac{1}{x^2-a^2}dx = \frac{1}{2a}\left(\int \frac{1}{x-a}dx - \int \frac{1}{x+a}dx\right)$$
$$= \frac{1}{2a}(\log|x-a| - \log|x+a|) = \frac{1}{2a}\log\left|\frac{x-a}{x+a}\right|$$

例 3　(v) と基本的な原始関数の (5) により

$$\int \arcsin x\, dx = x\arcsin x - \int \frac{x}{\sqrt{1-x^2}}dx = x\arcsin x + \sqrt{1-x^2}$$

問 1　つぎを左辺から導け．

(1)　$\displaystyle\int \log x\, dx = x\log x - x$

(2)　$\displaystyle\int \arctan x\, dx = x\arctan x - \frac{1}{2}\log(1+x^2)$

問 2　基本的な原始関数の (6) を，$x = a\sin t\left(-\frac{\pi}{2} < t < \frac{\pi}{2}\right)$ として左辺か

ら導け.

問 3 $p^2 - q < 0$ とする. 次を示せ.

$$\int \frac{1}{x^2 + 2px + q}dx = \int \frac{1}{(x+p)^2 + q - p^2}dx = \frac{1}{\sqrt{q-p^2}}\arctan\frac{x+p}{\sqrt{q-p^2}}$$

問 4 つぎの関数の原始関数を求めよ.
 (1) $a^x \quad (a > 0)$
 (2) $\sin ax \cos bx \quad (a \neq 0)$
 (3) $x \log x$
 (4) $\sinh x$

注 積分する方法により, 見かけの異なる原始関数を得ることがある.

$$\int \frac{1}{\sqrt{1-x^2}}dx = \arcsin x$$

である. 一方, $x = \cos t \, (0 < t < \pi)$ により置換積分すると

$$\int \frac{1}{\sqrt{1-x^2}}dx = \int \frac{-\sin t}{\sin t}dt = -t = -\arccos x$$

という結果も得られる. むろん, どちらを原始関数の代表としてもよい. $\arcsin x = -\arccos x + \dfrac{\pi}{2}$ である (『微分』, §1.6, 例 12).

例 4 $a \neq 0$ とする. 部分積分法を 2 度使う.

$$\int e^{ax}\cos bx\,dx = \frac{1}{a}e^{ax}\cos bx + \frac{b}{a}\int e^{ax}\sin bx\,dx$$
$$= \frac{1}{a}e^{ax}\cos bx + \frac{b}{a}\left(\frac{1}{a}e^{ax}\sin bx - \frac{b}{a}\int e^{ax}\cos bx\,dx\right)$$

上式を整理し, つぎを得る. よく利用される原始関数である.

$$\int e^{ax}\cos bx\,dx = \frac{e^{ax}(a\cos bx + b\sin bx)}{a^2 + b^2} \tag{1.1}$$

$$\int e^{ax}\sin bx\,dx = \frac{e^{ax}(a\sin bx - b\cos bx)}{a^2 + b^2} \tag{1.2}$$

例 5　$n = 0, 1, 2, \cdots$ とし，$I_n = I_n(x) = \displaystyle\int \sin^n x\, dx$ とおく．
$$\sin^n x = \sin^{n-1} x \sin x = \sin^{n-1} x (-\cos x)'$$
であるから，$n \geqq 2$ のとき部分積分法により
$$I_n = -\sin^{n-1} x \cos x + (n-1) \int \sin^{n-2} x \cos^2 x\, dx$$
ここで $\cos^2 x$ を $1 - \sin^2 x$ で置き換え
$$I_n = -\sin^{n-1} x \cos x + (n-1)(I_{n-2} - I_n)$$
これから I_n を求め，つぎの漸化式を得る $(n \geqq 2)$．
$$I_n = \frac{-1}{n} \sin^{n-1} x \cos x + \frac{n-1}{n} I_{n-2} \tag{1.3}$$
$I_0 = x$, $I_1 = -\cos x$ であるから，漸化式よりどの I_n も定まることになる．

問 5　$\displaystyle\int x^2 \cos x\, dx$ を求めよ．

有理関数の原始関数

有理関数とは，二つの整関数 $p(x)$, $q(x)$ により $q(x)/p(x)$ として表される関数をいう．有理関数を積分するには，部分分数に分解してから求めるのが普通である．分母 $p(x)$ が，つぎのように 1 次式または 2 次式に因数分解されているとする．
$$p(x) = c(x+a)^k \cdots (x+b)^l (x^2 + ex + f)^m \cdots (x^2 + gx + h)^n$$
このとき，分子 $q(x)$ の次数が $p(x)$ の次数より小さければ，これらの因数によりつぎの右辺のような形の一連の分数の和で表せる（**部分分数分解**）．
$$\begin{aligned}\frac{q(x)}{p(x)} =\ & \sum_{i=1}^{k} \frac{A_i}{(x+a)^i} + \cdots + \sum_{i=1}^{l} \frac{B_i}{(x+b)^i} \\ & + \sum_{i=1}^{m} \frac{E_i x + F_i}{(x^2 + ex + f)^i} + \cdots + \sum_{i=1}^{n} \frac{G_i x + H_i}{(x^2 + gx + h)^i}\end{aligned} \tag{1.4}$$
与えられた有理関数を実際に部分分数に分解するには，上記一般論に従い分母の因数分解と部分分数の分子の各係数を定めさえすればよい．以上より，$q(x)/p(x)$

の原始関数は，(1.4) の右辺に現れる各関数の原始関数を求めることに帰着し，有理関数，log，arctan を用いて表すことができる．

例 6 $I(x) = \displaystyle\int \dfrac{x^4 + x^3 - x - 4}{x^3 - 1} dx$ を求める．まず真分数式にするため割り算をし

$$\dfrac{x^4 + x^3 - x - 4}{x^3 - 1} = x + 1 - \dfrac{3}{x^3 - 1}$$

とする．分母を因数分解すると $x^3 - 1 = (x-1)(x^2 + x + 1)$ である．部分分数分解の形は，一般論の (1.4) から次のようになる．

$$\dfrac{3}{x^3 - 1} = \dfrac{a}{x - 1} + \dfrac{bx + c}{x^2 + x + 1} \tag{1.5}$$

これがなりたつので，分母を払って得られる次式は恒等式となる．

$$3 = a(x^2 + x + 1) + (bx + c)(x - 1) \tag{1.6}$$

ここで $x = 1$ を代入して $3 = 3a$．したがって $a = 1$ である．さらに $x = 0$ と $x = -1$ を代入するなどして $b = -1$, $c = -2$ と定まる．よって

$$\int \dfrac{3}{x^3 - 1} dx = \int \dfrac{dx}{x - 1} - \int \dfrac{x + 2}{x^2 + x + 1} dx$$

右辺の第 1 項は $\log|x - 1|$ である．第 2 項は次のように変形して求める．

$$\int \dfrac{x + 2}{x^2 + x + 1} dx = \dfrac{1}{2} \int \dfrac{2x + 1 + 3}{x^2 + x + 1} dx$$
$$= \dfrac{1}{2} \int \dfrac{2x + 1}{x^2 + x + 1} dx + \dfrac{3}{2} \int \dfrac{1}{x^2 + x + 1} dx$$

公式 (iv) と問 3 の方法から

$$= \dfrac{1}{2} \log(x^2 + x + 1) + \dfrac{3}{2} \dfrac{2}{\sqrt{3}} \arctan \dfrac{2}{\sqrt{3}} \left(x + \dfrac{1}{2} \right)$$

以上をまとめ

$$I(x) = \dfrac{x^2}{2} + x + \dfrac{1}{2} \log \dfrac{x^2 + x + 1}{x^2 - 2x + 1} + \sqrt{3} \arctan \dfrac{2x + 1}{\sqrt{3}}$$

注 a, b, c を決めるには，恒等式 (1.6) の右辺を展開し，左辺の係数との一致から求めてもよい（未定係数法）．

問 6 つぎを求めよ．

(1) $\displaystyle\int \frac{x-1}{x^2+2x+2}dx$

(2) $\displaystyle\int \frac{x^2+1}{x(x-1)^2}dx$

例 7 $I = \displaystyle\int \frac{\cos x}{\sin x(1+\cos x)}dx$ を求める．

$t = \tan\dfrac{x}{2}$ $(-\pi < x < \pi)$ による置換積分は，次を代入することに当る．

$$\left.\begin{array}{l}\sin x = \dfrac{2t}{1+t^2} \\ \cos x = \dfrac{1-t^2}{1+t^2} \\ dx = \dfrac{2}{1+t^2}dt\end{array}\right\} \quad (1.7)$$

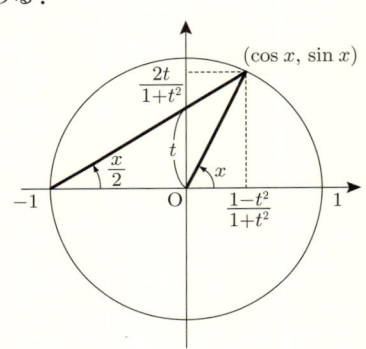

したがって，t に関する有理関数を積分することになり

$$I = \int \frac{1-t^2}{2t}dt = \frac{1}{2}\left(\log|t| - \frac{1}{2}t^2\right) = \frac{1}{2}\log\left|\tan\frac{x}{2}\right| - \frac{1}{4}\left(\tan\frac{x}{2}\right)^2$$

問 7 つぎの関数の原始関数を求めよ．

(1) $\dfrac{1}{\sin x}$

(2) $\dfrac{1}{1+\sin x}$

例 8 $I = \displaystyle\int \frac{dx}{(x-2)\sqrt{-x^2+2x+3}}$ を，有理関数の原始関数の計算に転化して求める．根号の中は因数分解できるので，以下のように行う．

$$-x^2+2x+3 = (x+1)(3-x)$$

根号の中は正とするので，x の変域は $-1 < x < 3$ である．片方の因数を使い
$$\sqrt{-x^2 + 2x + 3} = t(x+1) \quad \text{すなわち} \quad \sqrt{\frac{3-x}{x+1}} = t$$
とおくとつぎのようになる．
$$x = \frac{3-t^2}{t^2+1}, \qquad \frac{dx}{dt} = \frac{-8t}{(t^2+1)^2}$$
この置換えにより，つぎのように求まる．
$$I = \int \frac{1}{(x-2)(3-x)} \sqrt{\frac{3-x}{x+1}} dx = \int \frac{2}{3t^2-1} dt = \frac{1}{\sqrt{3}} \log \left| \frac{\sqrt{3}t - 1}{\sqrt{3}t + 1} \right|$$
もとの x に戻し，整理して $q(x) = -x^2 + 2x + 3$ とおくと
$$I = \frac{1}{\sqrt{3}} \log \left| \frac{\sqrt{3q(x)} - x - 1}{\sqrt{3q(x)} + x + 1} \right|$$

例 8 と同様な場合で，根号部分が $\sqrt{ax^2 + bx + c}$, $a > 0$ であるときは，つぎの置換えで有理関数に直すとよい．
$$\sqrt{a}\,x + \sqrt{ax^2 + bx + c} = t \quad \text{すなわち} \quad \sqrt{ax^2 + bx + c} = t - \sqrt{a}\,x$$
たとえば，基本的な原始関数の (8) がこれにあたる．

 注 原始関数を，初等関数としては表せない場合がある．たとえば次があげられる．
$$\int \frac{\sin x}{x} dx, \quad \int \frac{e^x}{x} dx, \quad \int \exp(-x^2) dx, \quad \int \frac{dx}{\sqrt{1-x^4}}$$

【練習問題 1.1】

1. 原始関数を求めよ．

(1) $\displaystyle\int \frac{\sqrt{1+x}}{\sqrt{1-x}} dx$ (2) $\displaystyle\int \frac{dx}{x(x^4+1)^2}$ (3) $\displaystyle\int \frac{dx}{a + \cos x}$ ($|a| > 1$)

2. (1) $P(x)$ を n 次整関数とする．$a \ne 0$ として次を示せ．
$$\int e^{ax} P(x) dx = \frac{e^{ax}}{a} \left\{ P(x) - \frac{1}{a} P'(x) + \frac{1}{a^2} P''(x) - \cdots + \frac{(-1)^n}{a^n} P^{(n)}(x) \right\}$$

(2) $\displaystyle\int e^{-x}(x^2 - 3x)dx$ を求めよ．

3. (1) 基本的な原始関数の (6) を既知として (7) を導け．
(2) 基本的な原始関数の (8) を既知として (9) を導け．

4. $I_n = \displaystyle\int \frac{1}{(x^2+a)^n}dx \ (a \neq 0, \ n = 1, 2, \cdots)$ は次の漸化式をみたすことを示せ．
$$I_{n+1} = \frac{1}{2na}\left\{\frac{x}{(x^2+a)^n} + (2n-1)I_n\right\}$$

5. $I = \displaystyle\int \frac{dx}{x + \sqrt{x^2+x+1}}$ において $x + \sqrt{x^2+x+1} = t$ で置換すると
$$I = \int \frac{2t^2 + 2t + 2}{t(2t+1)^2}dt$$
となることを確かめ，I を求めよ．

§1.2 定積分の定義と性質

有界閉区間 $[a, b]$ を考える．その上に有限個の点を任意に定め，両端点を含めてつぎのようにおく．
$$a = x_0 < x_1 < \cdots < x_{i-1} < x_i < \cdots < x_n = b$$
$[a, b]$ はこれらの点を**分点**とし小区間に**分割**されるが，このような分割は無数に考えられる．記号 Δ で一つの分割を表し，その小区間の幅の最大のものを
$$\|\Delta\| = \max\{x_i - x_{i-1};\ i = 1, 2, \cdots, n\} \tag{1.8}$$
とおく．$\|\Delta\| \to 0$ とは，分割が一様に細かくなることを意味する（分点は増す）．

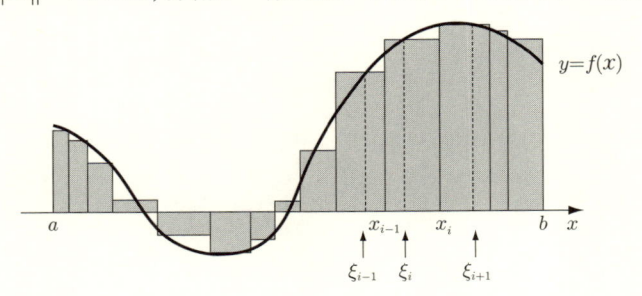

$[a,b]$ で定義されている実数値関数を f とする．$[a,b]$ の分割 Δ に対し，各小区間 $[x_{i-1}, x_i]$ の任意の点を ξ_i として，**Riemann 和**とよばれるつぎの和をとる．

$$\sum_{i=1}^{n} f(\xi_i)(x_i - x_{i-1}) \tag{1.9}$$

この和の値が，$\|\Delta\| \to 0$ のとき，ξ_i の定め方によらずある数 $(= S)$ に近づく場合，f は $[a,b]$ で**積分可能**であるという．S を**（定）積分**といい

$$(S =) \int_a^b f(x)dx$$

のように表す．$f(x)$ を**被積分関数**，$a(b)$ を**積分の下（上）端**という．積分の端点について，便宜上つぎのように定義することにする．

$$\int_b^a f(x)dx = -\int_a^b f(x)dx \quad (a < b), \qquad \int_a^a f(x)dx = 0 \tag{1.10}$$

積分値については，たとえば $[a,b]$ 上での定数関数の場合，定義から

$$\int_a^b k\,dx = k(b-a) \quad (k\text{ 定数}) \tag{1.11}$$

となる．特に $k=1$ のときは左辺を $\int_a^b dx$ で表す．より一般な場合の積分値の算出法は次節で説明する．以下この節では，定積分の一般的な性質などを要約して述べる．

積分可能な関数は有界関数であることが知られている．有界関数の中で積分可能になるものとしては：

定理 1.1　有界閉区間上の連続な関数は積分可能である．

証明は「§1.6 補足 I」にある．定理 1.1 の仮定をゆるめたつぎもなりたつ．

「有界閉区間上の有界関数は，不連続点が有限個であれば積分可能である」

一方，つぎがなりたつ（「§1.6 補足 I」参照）．

「有界閉区間上の単調増加（減少）な関数は積分可能である」

これらのことから，通常取り扱われる具体的な関数は，その定義域に含まれる有界閉区間で積分可能であることがわかる．

定積分の一般的な性質

(i) 関数 f, g が $[a, b]$ で積分可能ならば，$f \pm g$，fg も積分可能である．定数 α, β に対し

$$\int_a^b (\alpha f(x) + \beta g(x))dx = \alpha \int_a^b f(x)dx + \beta \int_a^b g(x)dx \quad \text{(線形性)}$$

(ii) 関数 f が $[a, c]$, $[c, b]$ で積分可能ならば，$[a, b]$ で積分可能でありつぎがなりたつ．

$$\int_a^b f(x)dx = \int_a^c f(x)dx + \int_c^b f(x)dx \quad \text{(加法性)} \tag{1.12}$$

一方，$[a, b]$ で積分可能な関数は，そこに含まれる任意の有界閉区間で積分可能である．(1.12) は，(1.10) の定義により積分可能な範囲では a, b, c の大小に関係なくなりたち，また，つぎも含んでいる．

$$\int_c^b f(x)dx = \int_a^b f(x)dx - \int_a^c f(x)dx$$

(iii) 関数 f, g は $[a, b]$ で積分可能とする．$[a, b]$ 上で $f(x) \leq g(x)$ であれば

$$\int_a^b f(x)dx \leq \int_a^b g(x)dx \quad \text{(単調性)} \tag{1.13}$$

(1.13) で等号がなりたつとき，f, g は共通の連続点すべてで値が一致する．

(iv) h が連続，f が積分可能，合成関数 $h \circ f$ が $[a, b]$ で有界関数であるとき，$h \circ f$ は $[a, b]$ で積分可能である．とくに $h(x) = |x|$ のときは，つぎがなりたつ．

$$|\int_a^b f(x)dx| \leq \int_a^b |f(x)|dx$$

(v) 区間 $[-a, a]$ で積分可能な関数 f について，つぎがなりたつ．

$$f \text{ 偶関数} \Rightarrow \int_{-a}^a f(x)dx = 2\int_0^a f(x)dx, \quad f \text{ 奇関数} \Rightarrow \int_{-a}^a f(x)dx = 0$$

関数の平均値

関数 f は $[a,b]$ で積分可能とし,とくに $[a,b]$ の n 等分割を考える.分点を
$$x_i = a + \frac{i}{n}(b-a) \quad (i=0,1,2,\cdots,n)$$
とおく.つぎは (1.9) で $\xi_i = x_i$ と特定した Riemann 和であり,各 n に対して定まる.

$$\sum_{i=1}^{n} f(x_i)(x_i - x_{i-1}) = \sum_{i=1}^{n} f(x_i)\frac{b-a}{n} = (b-a)\frac{\sum_{i=1}^{n} f(x_i)}{n}$$

$n \to \infty$ とすると分割が一様に細かくなり,上記の左端は積分値に収束するので

$$\lim_{n \to \infty} \frac{\sum_{i=1}^{n} f(x_i)}{n} = \frac{1}{b-a} \int_a^b f(x)dx \tag{1.14}$$

(1.14) の右辺は $[a,b]$ における f の**平均値**と呼ばれている.左辺の分子での和を $\sum_{i=0}^{n-1}$, $\sum_{i=0}^{n}$ としても (1.14) はなりたつ.とくに区間 $[0,1]$ 上で積分可能な関数 f についてはつぎのようになる.

$$\lim_{n \to \infty} \frac{1}{n} \sum_{i=1}^{n} f\left(\frac{i}{n}\right) = \int_0^1 f(x)dx \tag{1.15}$$

平均値は,つぎの定理のように関数が連続のとき関数値で表せる.

定理 1.2(**積分の平均値の定理**) 関数 f は $[a,b]$ で連続とする.ある $c\,(a<c<b)$ により,つぎがなりたつ.

$$\frac{1}{b-a}\int_a^b f(x)dx = f(c) \tag{1.16}$$

証明 f の $[a,b]$ での最小値を L,最大値を M とする.$L \leqq f(x) \leqq M$ から

$$\int_a^b L dx \leqq \int_a^b f(x)dx \leqq \int_a^b M dx$$

この両端は,(1.11) によりそれぞれ $L(b-a)$, $M(b-a)$ となるので

$$L \leqq \frac{1}{b-a} \int_a^b f(x)dx \leqq M \tag{1.17}$$

ここで等号でない場合は，中間値の定理から，ある $c\,(a<c<b)$ により
$$\frac{1}{b-a}\int_a^b f(x)dx = f(c)$$
(1.17) でどちらかの等号がなりたつ場合，たとえば
$$\int_a^b f(x)dx = M(b-a) = \int_a^b M dx$$
であるとき，(iii) で等号について述べたことから，f は定数関数 M と一致することになる．このときは $c=(a+b)/2$（中点）とすればよい． □

注 (1.16) 式は，$b<a$ でも同じ式がなりたつ ($b<c<a$)．

【練習問題 1.2】

1. 区間 $[0,2]$ において，関数 $f(x)=[x]$ の平均値を求めよ．

2. 関数 f,g は $[a,b]$ で連続とする．$q(t)$ をつぎのようにおく．
$$q(t) = \int_a^b (tf(x)-g(x))^2 dx$$
すべての実数 t に対し $q(t)\geqq 0$ であることからつぎを導け．
$$\left(\int_a^b f(x)g(x)dx\right)^2 \leqq \int_a^b f(x)^2 dx \int_a^b g(x)^2 dx \quad (\textbf{Schwarz の不等式})$$

§1.3　定積分の計算

I を任意の区間とし，I 上の関数を f とする．点 $a\,(\in I)$ を定め，任意の $x\,(\in I)$ に対し
$$F(x) = \int_a^x f(t)dt \tag{1.18}$$
が定まるとき，x を変数とみなして f の**不定積分**とよぶ．関数 F は，つぎの定理のように f が連続のとき原始関数である．

定理 1.3 関数 f が区間 I で連続ならば，つぎがなりたつ．

$$\frac{d}{dx}\int_a^x f(t)dt = f(x) \quad (x \in I) \tag{1.19}$$

証明 任意の x での微係数 $F'(x)$ が $f(x)$ になることを示す．

$$F(x+h) - F(x) = \int_a^{x+h} f(t)dt - \int_a^x f(t)dt = \int_x^{x+h} f(t)dt$$

平均値の定理 1.2 およびその後の注から，x と $x+h\,(h \neq 0)$ の間の数 c により

$$\frac{F(x+h)-F(x)}{h} = \frac{1}{h}\int_x^{x+h} f(t)dt = f(c)$$

f は x で連続であるから，$h \to 0$ として $F'(x) = f(x)$ となる． □

関数 f は区間 I で連続とし，f の任意の原始関数を G とする．$G' = f = F'$（定理 1.3）から，定数 C により

$$G(x) = F(x) + C \quad (x \in I)$$

ここで $x = a$ とおくと，$F(a) = 0$ であるので

$$G(a) = F(a) + C = C$$

したがって $F(x) = G(x) - G(a)$ である．よってつぎがなりたつ．

定理 1.4 関数 $f(x)$ は区間 I で連続とする．$G(x)$ を $f(x)$ の原始関数とすると，任意の $a, b\,(\in I)$ に対し

$$\int_a^b f(x)dx = G(b) - G(a) \quad \text{（微分積分法の基本公式）} \tag{1.20}$$

定理 1.4 は，原始関数の一つが具体的に得られれば積分値が算出できることを示している．(1.20) の右辺を

$$G(b) - G(a) = [G(x)]_a^b = \left[\int f(x)dx\right]_a^b$$

のように表すことがある．(1.20) は，むろん $b < a$ でもよい．定理 1.4 から C^1 級関数 f について

$$\int_a^x f'(t)dt = f(x) - f(a) \tag{1.21}$$

となる．つまり，C^1 級関数はその導関数から復原できる．また，(1.21) と定理

1.2 から微分法の平均値の定理を得ることができる．

例 9 $\int_1^{\sqrt{3}} \frac{1}{\sqrt{4-x^2}} dx$ を求める．被積分関数の原始関数は，§1.1 の基本的な原始関数 (6) から，$\arcsin \frac{x}{2}$ である．定理 1.4 により

$$\int_1^{\sqrt{3}} \frac{1}{\sqrt{4-x^2}} dx = \left[\arcsin \frac{x}{2}\right]_1^{\sqrt{3}} = \arcsin \frac{\sqrt{3}}{2} - \arcsin \frac{1}{2} = \frac{\pi}{3} - \frac{\pi}{6} = \frac{\pi}{6}$$

問 8 次の定積分の値を求めよ．

(1) $\int_1^3 \frac{1}{x} dx$

(2) $\int_0^1 \frac{dx}{\sqrt{x^2+1}}$

(3) $\int_1^4 \log x \, dx$

(4) $\int_0^1 \arctan x \, dx$

例 10 数列の極限値 $\lim_{n\to\infty} \left(\frac{1}{n+1} + \frac{1}{n+2} + \cdots + \frac{1}{2n}\right)$ を求める．$\frac{1}{n}$ をくくりだし

$$\frac{1}{n+1} + \frac{1}{n+2} + \cdots + \frac{1}{2n} = \frac{1}{n} \sum_{i=1}^n \frac{1}{1+i/n} \tag{1.22}$$

この右辺の極限値は，(1.15) 式の左辺で $f(x) = \frac{1}{1+x}$ としたものに相当する．定理 1.4 により

$$\lim_{n\to\infty} \frac{1}{n} \sum_{i=1}^n \frac{1}{1+i/n} = \int_0^1 \frac{1}{1+x} dx = [\log(1+x)]_0^1 = \log 2$$

ところで，級数 $\sum_{n=1}^\infty \frac{(-1)^{n+1}}{n}$ の $2n$ 部分和は，次式からわかるように (1.22) の左辺に等しい．

$$s_{2n} = 1 - \frac{1}{2} + \frac{1}{3} - \frac{1}{4} + \cdots - \frac{1}{2n}$$
$$= \left(1 + \frac{1}{2} + \frac{1}{3} + \cdots + \frac{1}{2n}\right) - 2\left(\frac{1}{2} + \frac{1}{4} + \frac{1}{6} + \cdots + \frac{1}{2n}\right)$$

よって，上記から $\lim_{n\to\infty} s_{2n} = \log 2$ である．さらに

$$\lim_{n\to\infty} s_{2n+1} = \lim_{n\to\infty}\left(s_{2n} + \frac{1}{2n+1}\right) = \lim_{n\to\infty} s_{2n}$$

より $\lim_{n\to\infty} s_n = \log 2$ である．すなわち次の級数の和を得たことになる．

$$1 - \frac{1}{2} + \frac{1}{3} - \frac{1}{4} + \frac{1}{5} - \cdots = \log 2 \quad (= 0.69314718\cdots)$$

例 11 関数 f は区間 I で連続とし，I に値をとる微分可能な関数を g とする．つぎの左辺を，(1.18) の関数 F による合成関数 $F(g(x))$ の導関数とみると，定理 1.3 から

$$\frac{d}{dx}\int_a^{g(x)} f(t)dt = f(g(x))g'(x) \tag{1.23}$$

問 9 関数 f は全実数上で連続としてつぎを微分せよ．

(1) $\displaystyle\int_a^{2x} f(t)dt$

(2) $\displaystyle\int_x^{3x} f(t)dt$

置換積分法・部分積分法

f を区間 I 上の連続関数とする．$a,b \in I$ に対し，ある区間 $[\alpha,\beta]$（または $[\beta,\alpha]$）で定義され，I に値をとる C^1 級関数 g があり，$g(\alpha) = a$, $g(\beta) = b$ であるとする．F を f の原始関数とすると，$F(g(t))$ は $f(g(t))g'(t)$ の原始関数である．定理 1.4 により

$$\int_a^b f(x)dx = F(b) - F(a) = F(g(\beta)) - F(g(\alpha)) = \int_\alpha^\beta f(g(t))g'(t)dt$$

すなわち，上記の仮定の下でつぎがなりたつ．
$$\int_a^b f(x)dx = \int_\alpha^\beta f(g(t))g'(t)dt \quad \text{(置換積分法)} \tag{1.24}$$
$x = g(t)$ のような置換えを**変数変換**ということがある．

つぎに，f, g を区間 I 上の C^1 級関数とする．$(fg)' = f'g + fg'$ において (1.21) を使うと
$$\int_a^b f'(x)g(x)dx + \int_a^b f(x)g'(x)dx = \int_a^b (fg)'(x)dx = [f(x)g(x)]_a^b$$
したがって，つぎがなりたつ．
$$\int_a^b f(x)g'(x)dx = [f(x)g(x)]_a^b - \int_a^b f'(x)g(x)dx \quad \text{(部分積分法)} \tag{1.25}$$
置換積分法と部分積分法は，積分の変形や簡易化のためによく用いられる．

例 12 $I_n = \int_0^{\pi/2} \sin^n x\, dx\, (n = 0, 1, 2, \cdots)$ を求める．部分積分法を例 5 と同様に行うと，(1.3) は定積分ではつぎのようになる．
$$I_n = \frac{-1}{n}\left[\sin^{n-1} x \cos x\right]_0^{\pi/2} + \frac{n-1}{n}I_{n-2} = \frac{n-1}{n}I_{n-2} \quad (n \geqq 2)$$
この漸化式により
$$I_n = \frac{n-1}{n}I_{n-2} = \frac{n-1}{n}\frac{n-3}{n-2}I_{n-4} = \cdots$$
n の偶・奇に応じて $I_0 = \pi/2$ か $I_1 = 1$ にたどり着き，I_n は求まる．一方，置換積分法により
$$\int_0^{\pi/2} \cos^n x\, dx = \int_0^{\pi/2} \sin^n\left(\frac{\pi}{2} - x\right) dx$$
$$= -\int_{\pi/2}^0 \sin^n t\, dt = I_n$$
以上の結果を整理して公式とする $(n = 0, 1, 2, \cdots)$．

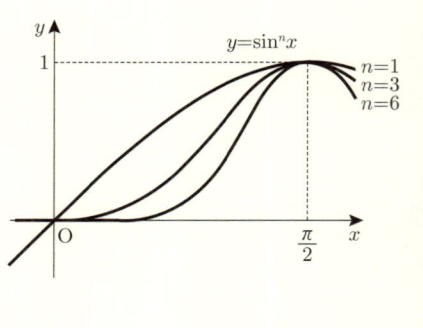

$$\int_0^{\pi/2} \sin^n x\, dx = \int_0^{\pi/2} \cos^n x\, dx = \begin{cases} \dfrac{(n-1)!!}{n!!}\dfrac{\pi}{2} & (n\ \text{偶数}) \\ \dfrac{(n-1)!!}{n!!} & (n\ \text{奇数}) \end{cases} \quad (1.26)$$

ここで !! は, $(2m)!! = 2 \times 4 \times \cdots \times 2m$, $(2m-1)!! = 1 \times 3 \times \cdots \times (2m-1)$ である.

問 10 $n = 0, 1, 2, \cdots$ とする. $\int_0^1 (1-x^2)^{n/2} dx$ を置換積分 ($x = \sin t$) で求めよ.

問 11 関数 f は $[0, 1]$ で連続としてつぎを示せ.

$$\int_0^{\pi/2} f(\cos x) dx = \int_0^{\pi/2} f(\sin x) dx = \frac{1}{2}\int_0^{\pi} f(\sin x) dx = \frac{1}{\pi}\int_0^{\pi} x f(\sin x) dx \quad (1.27)$$

【練習問題 1.3】

1. つぎの定積分の値を求めよ.

(1) $\displaystyle\int_1^2 x \log x\, dx$

(2) $\displaystyle\int_0^1 \frac{dx}{x^2 - x + 1}$

(3) $\displaystyle\int_0^1 x \arctan x\, dx$

(4) $\displaystyle\int_0^2 \sqrt{|x^2 - 1|}\, dx$

(5) $\displaystyle\int_0^1 \arcsin \sqrt{\frac{x}{1+x}}\, dx$

(6) $\displaystyle\int_a^b \sqrt{(x-a)(b-x)}\, dx \quad (a < b)$

(7) $\displaystyle\int_0^a x^5\sqrt{a^2-x^2}\,dx \quad (a>0)$

(8) $\displaystyle\int_{-1}^1 x3^x\,dx$

(9) $\displaystyle\int_0^1 \log(1+\sqrt{x})\,dx$

2. $p \geqq 0$ とし，つぎを示せ．
$$\lim_{n\to\infty}\frac{1^p+2^p+3^p+\cdots+n^p}{n^{p+1}}=\frac{1}{p+1}$$

3. (1) 整数 $m, n\,(\geqq 0)$ に対し，δ_{mn} を $\delta_{mn}=1\,(m=n)$, $\delta_{mn}=0\,(m\neq n)$ で定める．$m=n=0$ の場合を除き，つぎがなりたつことを示せ．
$$\int_{-\pi}^{\pi}\sin mx\sin nx\,dx=\pi\delta_{mn},\quad \int_{-\pi}^{\pi}\cos mx\cos nx\,dx=\pi\delta_{mn},$$
$$\int_{-\pi}^{\pi}\sin mx\cos nx\,dx=0$$

(2) $f(x)=\dfrac{a_0}{2}+\displaystyle\sum_{k=1}^n(a_k\cos kx+b_k\sin kx)$ について，つぎを示せ．
$$\int_{-\pi}^{\pi}f(x)\cos mx\,dx=\pi a_m \quad (m=0,1,\cdots,n)$$
$$\int_{-\pi}^{\pi}f(x)\sin mx\,dx=\pi b_m \quad (m=1,2,\cdots,n)$$

§1.4 広義積分

これまでの定積分は，積分区間が有界閉区間，被積分関数が有界な関数であった．これらの条件をみたさない場合には，拡張した意味の積分を考える．たとえば

(1) 非有界な区間 $[0,\infty)$ 上で $\displaystyle\int_0^{\infty}e^{-x}\,dx$

(2) $x=0$ で $-\infty$ に発散する $\log x$ の $\displaystyle\int_0^1 \log x\,dx$

このような積分を**広義積分**という．以下簡単のため，被積分関数はすべて連続と仮定する．

非有界な区間 $[a, \infty)$ 上の関数 f の広義積分は，つぎのように定義する．

$$\int_a^\infty f(x)dx = \lim_{t \to \infty} \int_a^t f(x)dx \tag{1.28}$$

この極限が有限値であるとき広義積分 $\int_a^\infty f(x)dx$ は収束するといい，そうでないとき発散するという．有界な半開区間 $(a, b]$，$[a, b)$ 上の関数の場合も同様に，それぞれ片側極限

$$\int_a^b f(x)dx = \lim_{t \to a+0} \int_t^b f(x)dx, \quad \int_a^b f(x)dx = \lim_{t \to b-0} \int_a^t f(x)dx \tag{1.29}$$

で定義する．開区間 $(-\infty, \infty)$ などの場合は，適宜な点 c で二つの半開区間に分ける．つぎの左辺の収束は，右辺の二つの広義積分が共に収束のときと定める．

$$\int_{-\infty}^\infty f(x)dx = \int_{-\infty}^c f(x)dx + \int_c^\infty f(x)dx$$

例 13 (1) 定義から

$$\int_0^\infty e^{-x}dx = \lim_{t \to \infty} \int_0^t e^{-x}dx = \lim_{t \to \infty} [-e^{-x}]_0^t = \lim_{t \to \infty} (-e^{-t} + 1) = 1$$

(2) $\lim_{x \to 0+0} \log x = -\infty$ であるので，0 に向かって極限をとり

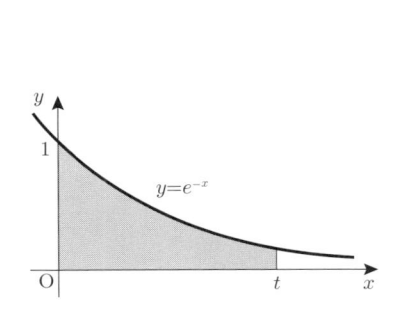

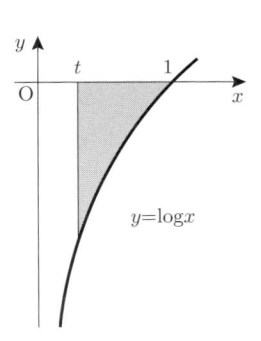

$$\int_0^1 \log x \, dx = \lim_{t \to 0+0} \int_t^1 \log x \, dx = \lim_{t \to 0+0} [x \log x - x]_t^1$$
$$= \lim_{t \to 0+0} (-1 - t \log t + t) = -1$$

ここで $\lim_{t \to 0+0} t \log t = 0$ は，たとえば L'Hôpital の定理による．

注 上例のような極限操作を含めて，つぎのように簡略に表すことにする．

$$\int_0^\infty e^{-x} dx = [-e^{-x}]_0^\infty = 1$$
$$\int_0^1 \log x \, dx = [x \log x - x]_0^1 = -1$$

問 12 つぎを確かめよ．

(1) $\displaystyle\int_{-\infty}^\infty \frac{1}{1+x^2} dx = \pi$

(2) $\displaystyle\int_{-\infty}^\infty \frac{x}{1+x^2} dx$ は発散

(3) $\displaystyle\int_{-\infty}^\infty \frac{dx}{\cosh x} = \pi$

例 14 関数 $f(x) = \dfrac{1}{x^p}$ の広義積分を半開区間 $[1, \infty)$ および $(0, 1]$ 上で考える．

最初に $\displaystyle\int_1^\infty f(x) dx$ であるが，不定積分は

$$\int_1^t \frac{1}{x^p} dx = \begin{cases} \dfrac{1}{1-p}(t^{1-p} - 1) & (p \neq 1) \\ \log t & (p = 1) \end{cases} \tag{1.30}$$

よって，$t \to \infty$ のとき収束する条件は $1 - p < 0$ であり，極限値は $\dfrac{1}{p-1}$ である．つぎに

$$\int_0^1 f(x) dx = \lim_{t \to 0+0} \int_t^1 f(x) dx = -\lim_{t \to 0+0} \int_1^t \frac{1}{x^p} dx$$

となるので (1.30) を利用し，収束する条件は $1 - p > 0$ である．以上より

$$\int_1^\infty \frac{1}{x^p}dx = \frac{1}{p-1} \quad (p>1), \quad \int_0^1 \frac{1}{x^p}dx = \frac{1}{1-p} \quad (p<1) \qquad (1.31)$$

両方とも，$p=1$ すなわち $\frac{1}{x}$ を境にして収束・発散が分かれている．これは，広義積分の収束・発散の一つの目安となるものである．$p \leqq 0$ のとき，関数 $\frac{1}{x^p}$ は $x=0$ まで連続になるので $\int_0^1 \frac{1}{x^p}dx$ は定積分であるが，広義積分とみなしてもよい．

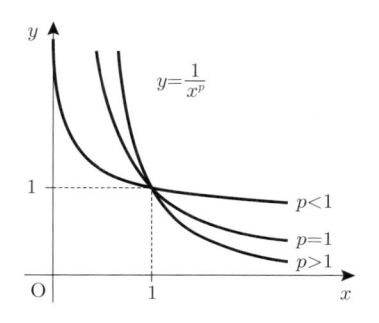

例 15 広義積分 $\int_{-1}^1 \frac{dx}{\sqrt{1-x^2}}$ を考える．原始関数は

$$\int \frac{dx}{\sqrt{1-x^2}} = \arcsin x \quad (-1 < x < 1)$$

$\arcsin x$ そのものは端点 $-1, 1$ でも連続である．よってつぎのように行える．

$$\int_{-1}^1 \frac{dx}{\sqrt{1-x^2}} = [\arcsin x]_{-1}^1 = \arcsin 1 - \arcsin(-1) = \pi$$

上例 15 にみるように，(1.20) の一般化に当たるつぎがなりたつ．
関数 $f(x)$ の (a,b) での原始関数 $G(x)$ が端点 a, b でも連続ならば

$$\int_a^b f(x)dx = G(b) - G(a)$$

広義積分での置換積分・部分積分を利用例で示す．

例 16 つぎのように $\log x = -u$ で置換し，さらに部分積分すると

$$\int_0^1 \log x\, dx = \int_\infty^0 ue^{-u}du = \int_0^\infty u(e^{-u})'du$$
$$= [ue^{-u}]_0^\infty - \int_0^\infty e^{-u}du = -1$$

ここで，$\lim_{u\to\infty} ue^{-u} = 0$ は，たとえば L'Hôpital の定理による．

注 積分する範囲の内部の点 $(=c)$ で被積分関数が発散するときは，その点で広義積分の和に分ける．
$$\int_a^b f(x)dx = \int_a^c f(x)dx + \int_c^b f(x)dx$$
よって，つぎのように行う（または奇関数と考え 0 とする）のは誤りである．
$$\int_{-1}^1 \frac{1}{x}dx = [\log|x|]_{-1}^1 = \log 1 - \log|-1| = 0$$

これまでは，値の求まる広義積分を扱ったが，収束だけを確かめたいことがある．まず一般に，区間上の非負値関数の広義積分は，収束か ∞ に発散かのいずれかであるが，このための十分条件を示す．他の半開区間でも同様である．

定理 1.5 $[a, \infty)$ 上の関数 $f(x)$ は連続かつ非負値であるとする．ある関数 $m(x)$ で
$$0 \leqq f(x) \leqq m(x), \quad \int_a^\infty m(x)dx \quad \text{収束} \tag{1.32}$$
をみたすものがあれば $\int_a^\infty f(x)dx$ は収束する．ある関数 $l(x)$ で
$$0 \leqq l(x) \leqq f(x), \quad \int_a^\infty l(x)dx = \infty$$
をみたすものがあれば $\int_a^\infty f(x)dx = \infty$ である．

例 17 $\int_0^\infty e^{-x^2}dx$ の収束を確かめる．$e^x \geqq 1+x$ の x を x^2 に変え逆数をとり
$$0 < e^{-x^2} \leqq \frac{1}{1+x^2}, \quad \int_0^\infty \frac{1}{1+x^2}dx = [\arctan x]_0^\infty = \frac{\pi}{2} \quad \text{（収束）}$$
よって，定理 1.5 から $\int_0^\infty e^{-x^2}dx$ は収束である．その値は「§1.6 補足 IV (1.60)」にある．

§1.4 広義積分 25

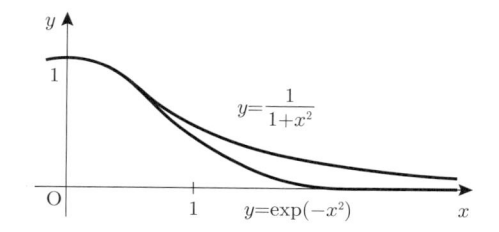

定理 1.6 関数 $f(x)$ は非負値の連続関数とする.

(1) $[a, \infty)$ 上の広義積分の場合：関数 $f(x)$ が

$$f(x) = \frac{1}{x^p} \cdot g(x), \quad p > 1, \quad g(x) \text{ は有界関数} \tag{1.33}$$

のように変形できる（十分大きな x で）ならば $\int_a^\infty f(x)dx$ は収束する.

(2) $(a, b]$ 上の広義積分の場合：関数 $f(x)$ が

$$f(x) = \frac{1}{(x-a)^p} \cdot g(x), \quad p < 1, \quad g(x) \text{ は有界関数} \tag{1.34}$$

のように変形できる（a の近くの x で）ならば $\int_a^b f(x)dx$ は収束する. $[a, b)$ の場合も同様で，仮定部の $(x-a)^p$ を $(b-x)^p$ にすればよい.

(1.33) での $g(x)$ が有界関数であるためには，たとえば $\lim_{x \to \infty} g(x)$ が有限値であればよい. (1.34) でも同様である.

例 18 つぎがなりたつ.

$$\int_0^\infty \frac{1}{1+x^p}dx \quad \text{収束} \iff p > 1$$

これを示す. $p > 1$ のとき

$$\frac{1}{1+x^p} = \frac{1}{x^p} \cdot \frac{1}{1/x^p + 1}, \quad \lim_{x \to \infty} \frac{1}{1/x^p + 1} = 1 \quad \text{（有限値）}$$

上記から，定理 1.6 (1) が適用できる*. $p \leqq 1$ のときは，つぎのようになり発散する（定理 1.5）.

$$\frac{1}{1+x^p} \geqq \frac{1}{1+x} \quad (x \geqq 1), \quad \int_1^\infty \frac{1}{1+x}dx = [\log(1+x)]_1^\infty = \infty$$

注 * は，直接に有界性 $0 < \dfrac{1}{1/x^p + 1} < 1$ からでもよい．

ガンマ関数とベータ関数

（I） つぎの広義積分は，$p > 0$ のとき収束する．

$$\int_0^\infty e^{-x} x^{p-1} dx \quad (\; = \Gamma(p) \text{ とおく}) \tag{1.35}$$

$p(>0)$ を変数とみて $\varGamma$（ガンマ）関数という．

広義積分 (1.35) の収束・発散を調べるため，$f(x) = e^{-x} x^{p-1} (> 0)$ とおく．$f(x)$ は $x = 0$ で発散する場合があるので $\displaystyle\int_0^\infty = \int_0^1 + \int_1^\infty$ と分ける．

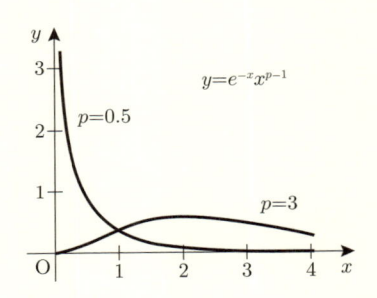

(i) $(0, 1]$ 上では $f(x) = \dfrac{1}{x^{1-p}} e^{-x}$ のように変形すると，$p > 0$ のとき定理 1.6 の (2) により $\displaystyle\int_0^1 f(x) dx$ は収束する．また $p \leqq 0$ のとき，$0 < x \leqq 1$ で $f(x) \geqq e^{-1}/x$ となるから $\displaystyle\int_0^1 f(x) dx$ は発散する（定理 1.5）．

(ii) $[1, \infty)$ 上では $f(x) = \dfrac{1}{x^2} \dfrac{x^{p+1}}{e^x}$ のように変形する．$\displaystyle\lim_{x \to \infty} \dfrac{x^{p+1}}{e^x} = 0$ であるから，定理 1.6 の (1) により，$\displaystyle\int_1^\infty f(x) dx$ はすべての p で収束である．

以上 (i), (ii) から，$\displaystyle\int_0^\infty f(x) dx$ が収束する条件は $p > 0$ である．

$\varGamma$ 関数には，つぎのような特別な性質がある．

$$\varGamma(p+1) = p\varGamma(p) \quad (p > 0) \tag{1.36}$$

これは部分積分で確かめることができる．

$$\varGamma(p+1) = \int_0^\infty e^{-x} x^p dx = \left[-e^{-x} x^p \right]_0^\infty + p \int_0^\infty e^{-x} x^{p-1} dx$$

ここで $t \to \infty$, $s \to 0+0$ のとき,$p > 0$ より

$$[-e^{-x}x^p]_s^t = -e^{-t}t^p + e^{-s}s^p \to 0$$

したがって

$$\Gamma(p+1) = p\int_0^\infty e^{-x}x^{p-1}dx = p\Gamma(p)$$

例 19 半自然数 $\dfrac{m}{2}$ ($m = 1, 2, 3, 4, \cdots$) での Γ 関数の値を求める.$n (\geqq 1)$ を整数とし,(1.36) を漸化式とみて

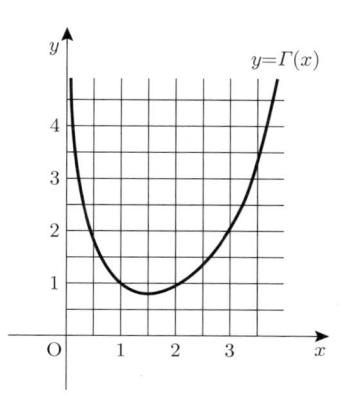

$$\Gamma(n+1) = n\Gamma(n) = n(n-1)\Gamma(n-1) = \cdots = n!\Gamma(1)$$

ここで $\Gamma(1) = \displaystyle\int_0^\infty e^{-x}dx = 1$ である(例 13(1)).つぎに

$$\Gamma\left(n+\frac{1}{2}\right) = \Gamma\left(\frac{2n+1}{2}\right) = \Gamma\left(\frac{2n-1}{2}+1\right) = \frac{2n-1}{2}\Gamma\left(\frac{2n-1}{2}\right)$$
$$= \cdots = \frac{(2n-1)!!}{2^n}\Gamma\left(\frac{1}{2}\right)$$

ここで $\Gamma\left(\dfrac{1}{2}\right)$ は「§1.6 補足 IV」から $\sqrt{\pi}$ である.以上より ($n = 0, 1, 2, \cdots$)

$$\Gamma(n+1) = n!, \qquad \Gamma\left(n+\frac{1}{2}\right) = \frac{(2n-1)!!}{2^n}\sqrt{\pi} \tag{1.37}$$

注 (1.37) の前半が示すように,Γ 関数は階乗の拡張として考えだされたものである.

問 13 (1) $\displaystyle\int_0^1 (-\log x)^n dx = n!$ ($n = 0, 1, 2, \cdots$) を示せ.
(2) $\displaystyle\int_{-\infty}^\infty \exp(-x^2)dx = \Gamma\left(\frac{1}{2}\right)$ を示せ.

(II) つぎの広義積分は，$p > 0$, $q > 0$ のとき収束する．

$$\int_0^1 x^{p-1}(1-x)^{q-1}dx \quad (= B(p,q) \text{ とおく}) \tag{1.38}$$

$p, q \, (> 0)$ を変数とみて **B（ベータ）関数**という．

(1.38) の収束・発散を調べるため，$f(x) = x^{p-1}(1-x)^{q-1} \, (> 0)$ とおく．$f(x)$ は $x = 0, 1$ で発散する場合があるので $\int_0^1 = \int_0^{1/2} + \int_{1/2}^1$ と分ける．それぞれで

$$f(x) = \frac{1}{x^{1-p}}(1-x)^{q-1},$$
$$f(x) = \frac{1}{(1-x)^{1-q}}x^{p-1}$$

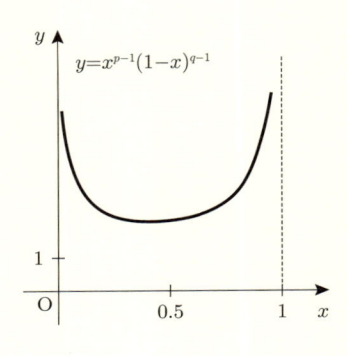

と変形すると，定理 1.6 の (2) により収束するための条件は $p > 0$ かつ $q > 0$ である．

Γ 関数と B 関数とを結ぶつぎの関係式が知られている（「§2.7 補足 V」）．

定理 1.7 すべての $p, q \, (> 0)$ に対してつぎがなりたつ．

$$B(p,q) = \frac{\Gamma(p)\Gamma(q)}{\Gamma(p+q)} \tag{1.39}$$

問 14 つぎを示せ．

(1) $\quad B(p,q) = 2\int_0^{\pi/2}(\sin\theta)^{2p-1}(\cos\theta)^{2q-1}d\theta \quad (p, q > 0)$

(2) $\quad \int_0^{\pi/2}\sin^\alpha\theta \cdot \cos^\beta\theta \, d\theta = \frac{1}{2}B\left(\frac{\alpha+1}{2}, \frac{\beta+1}{2}\right) \quad (\alpha, \beta > -1)$

【練習問題 1.4】

1. つぎの広義積分の値を求めよ．

(1) $\quad \displaystyle\int_1^\infty \frac{1}{x(x^2+1)}dx$

(2) $\displaystyle\int_0^1 \frac{\log x}{x^p}dx \quad (0<p<1)$

(3) $\displaystyle\int_2^\infty \frac{1}{x(\log x)^p}dx$

(4) $\displaystyle\int_0^1 \frac{\arcsin x}{\sqrt{1-x^2}}dx$

(5) $\displaystyle\int_{-\infty}^\infty \frac{dx}{a\cosh x + b\sinh x} \quad (a>b\geqq 0)$

2. つぎを示せ．

(1) $\displaystyle\int_a^b \frac{dx}{\sqrt{(x-a)(b-x)}} = \pi \quad (a<b)$

(2) $\displaystyle\int_0^\infty e^{-ax}\cos x\,dx = \frac{a}{a^2+1} \quad (a>0)$

(3) $x=\tan\theta$ で置換して
$$\int_{-\infty}^\infty \frac{dx}{(x^2+1)^{n+1}} = \frac{(2n-1)!!}{(2n)!!}\pi \quad (n=1,2,\cdots)$$

(4) $x+\sqrt{x^2+1}=t$ で置換して
$$\int_0^\infty \frac{dx}{(x+\sqrt{x^2+1})^p} = \frac{p}{p^2-1} \quad (p>1)$$

3. $\displaystyle\int_0^\infty x^n \exp(-x^2)dx \quad (n=0,1,2,\cdots)$ を Γ 関数で表し，値を求めよ．

§1.5　積分の応用

I.　曲線の長さ

平面上の曲線 C が，パラメータ t によりつぎのように表されているとする．

$$C: \quad x=\varphi(t), \quad y=\psi(t) \quad (a\leqq t\leqq b) \tag{1.40}$$

関数 φ,ψ が共に C^1 級であるとき，C は $\boldsymbol{C^1}$ **級曲線**であるという．$[a,b]$ の分割を

$\Delta: \quad a = t_0 < t_1 < \cdots < t_n = b$

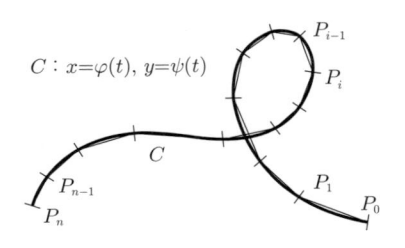

とする．各分点に対応する C 上の点 $(\varphi(t_i), \psi(t_i))$ を P_i とおき，P_{i-1} と P_i とを結ぶ線分の長さを $\overline{P_{i-1}P_i}$ で表す．$\sum_{i=1}^{n} \overline{P_{i-1}P_i}$ は，$P_0, P_1, \cdots, P_n$ を結ぶ折れ線の長さである．$\|\Delta\| \to 0$ のとき，折れ線の長さが有限な値 ($= l(C)$ とおく) に近づくならば，曲線 C は長さをもつといい，$l(C)$ を C の長さという．

曲線の長さは，C^1 級曲線であれば積分で表せることになるが，そのあらましを述べる．折れ線の長さを φ, ψ で表すと

$$\sum_{i=1}^{n} \overline{P_{i-1}P_i} = \sum_{i=1}^{n} \sqrt{(\varphi(t_i) - \psi(t_{i-1}))^2 + (\psi(t_i) - \psi(t_{i-1}))^2}$$

二つの差分に微分法の平均値の定理を使うと，ある $c_i, d_i \in (t_{i-1}, t_i)$ により

$$= \sum_{i=1}^{n} \sqrt{\varphi'(c_i)^2 + \psi'(d_i)^2}(t_i - t_{i-1}) \tag{1.41}$$

これは $\sqrt{\varphi'(t)^2 + \psi'(t)^2}$ の Riemann 和とはわずかに異なるが，$\|\Delta\| \to 0$ のとき Riemann 和との差がなくなり，積分値に近づくことになる．詳細は「§1.6 補足 VII」にある．

定理 1.8 曲線 (1.40) が C^1 級曲線のとき，その長さはつぎの積分で得られる．

$$l(C) = \int_a^b \sqrt{\varphi'(t)^2 + \psi'(t)^2}\, dt \tag{1.42}$$

問 15 **cycloid**：$x = t - \sin t$, $y = 1 - \cos t$ の $0 \leqq t \leqq 2\pi$ に対する長さを求めよ．

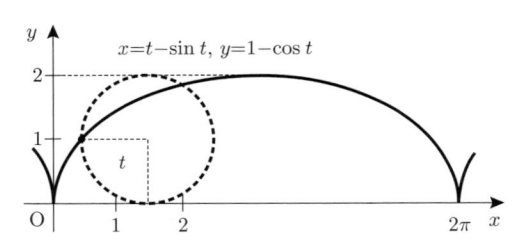

系 つぎの (1), (2) で関数 f は C^1 級とする．

(1) 曲線 C が，$[a,b]$ 上の関数 f のグラフであるとき

$$l(C) = \int_a^b \sqrt{1 + f'(x)^2}\,dx \tag{1.43}$$

(2) 曲線 C が，極座標表示で $r = f(\theta)$, $\alpha \leqq \theta \leqq \beta$ であるとき

$$l(C) = \int_\alpha^\beta \sqrt{f(\theta)^2 + f'(\theta)^2}\,d\theta \tag{1.44}$$

証明 共にパラメータによる曲線とみなし，定理 1.8 を適用すればよい．

(1) グラフは，つぎのように表せる．

$$C: \quad x = t, \quad y = f(t) \quad (a \leqq t \leqq b)$$

(2) 極座標表示 $r = f(\theta)$ による曲線は，つぎのように表せる．

$$C: \quad x = f(\theta)\cos\theta, \quad y = f(\theta)\sin\theta \quad (\alpha \leqq \theta \leqq \beta) \qquad \square$$

II. 面　積

図形 D が，有界閉区間 $[a,b]$ 上の二つの連続関数 $f, g\,(f(x) \leqq g(x))$ により $D = \{(x,y);\, a \leqq x \leqq b,\, f(x) \leqq y \leqq g(x)\}$ のように表されるとき，**縦線形**（じゅうせんけい）とよぶことにする．縦線形の面積（$= S(D)$ とおく）は，つぎの積分で得られる．

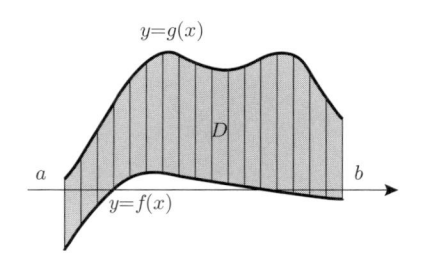

$$S(D) = \int_a^b (g(x) - f(x))\,dx \tag{1.45}$$

注 まず面積という量を定義した後で (1.45) がなりたつことを示すべきだが，結果だけを述べた（定理 1.9 も同様）．§2.2 定理 2.6 参照．

例 20 $a, b > 0$ とする．楕円 $\dfrac{x^2}{a^2} + \dfrac{y^2}{b^2} = 1$ の囲む面積は πab である．これを示す．まず $y = \pm \dfrac{b}{a}\sqrt{a^2 - x^2}$ と (1.45) により

$$\text{面積} = 2\int_{-a}^{a} \frac{b}{a}\sqrt{a^2 - x^2}\,dx = \frac{4b}{a}\int_{0}^{a}\sqrt{a^2 - x^2}\,dx$$

$x = a\sin\theta$ $(0 \leqq \theta \leqq \pi/2)$ で置換し，(1.26) により

$$= 4ab\int_{0}^{\pi/2}\cos^2\theta\,d\theta = 4ab\frac{1}{2}\frac{\pi}{2} = \pi ab$$

右図のように曲線が図形 D を囲んでいる場合，次の定理により D の面積をその曲線から求めることができる．その説明は「§1.6 補足 VIII」にある．

定理 1.9 C^1 級曲線 $x = \varphi(t)$, $y = \psi(t)$ ($a \leqq t \leqq b$) 上の点 $(\varphi(t), \psi(t))$ が，t の増加に伴って図形 D の境界を左回りに一周するとき，面積 $S(D)$ はつぎの積分で得られる．

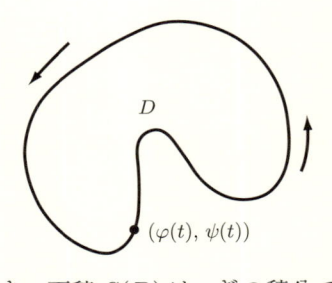

$$S(D) = \frac{1}{2}\int_{a}^{b}\{\varphi(t)\psi'(t) - \psi(t)\varphi'(t)\}dt \left(= \frac{1}{2}\int_{a}^{b}\det\begin{pmatrix}\varphi(t) & \psi(t) \\ \varphi'(t) & \psi'(t)\end{pmatrix}dt\right) \tag{1.46}$$

例 21 方程式 $x^3 + y^3 - 3xy = 0$ による曲線は，**Descartes の正葉線**とよばれている．この曲線の囲む図形 D の面積を求める．例 20 のように行うのは困難であるのでつぎのように求める．方程式に $y = tx$ を代入すると，パラメータ表示は

$$x = \frac{3t}{1 + t^3}, \quad y = \frac{3t^2}{1 + t^3} \tag{1.47}$$

t (= 直線の傾き) の範囲が，$0 < t < \infty$

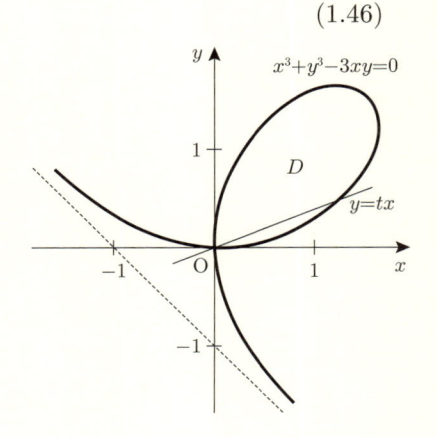

であるとき第1象限内にあり，D を左回りに囲む．定理 1.9 から，面積はつぎの広義積分で得られる．

$$S(D) = \frac{1}{2}\int_0^\infty (xy' - yx')dt$$
$$= \frac{1}{2}\int_0^\infty \frac{9t^2}{(1+t^3)^2}dt = \frac{3}{2}\int_1^\infty \frac{1}{u^2}du = \frac{3}{2}$$

問 16 曲線 $x^{2/3} + y^{2/3} = a^{2/3}\ (a > 0)$ は **asteroid** とよばれている．パラメータ表示 $x = a\cos^3\theta,\ y = a\sin^3\theta$ を利用して，囲む面積を求めよ．

定理 1.10 極座標による C^1 級曲線 $r = f(\theta)$ と二つの線分 $\theta = \alpha,\ \theta = \beta$ で囲まれる図形 $(= D)$ の面積は，つぎで得られる $(\alpha \leqq \beta \leqq \alpha + 2\pi)$．

$$S(D) = \frac{1}{2}\int_\alpha^\beta f(\theta)^2 d\theta \tag{1.48}$$

証明は，「§1.6 補足 VIII」の末尾に述べてある．

問 17 方程式 $(x^2 + y^2)^2 = x^2 - y^2$ で表される曲線は **lemniscate** とよばれる．極座標では $r^2 = \cos 2\theta$ となることを示し，囲む部分の面積を求めよ．

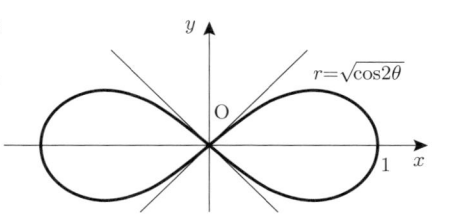

【練習問題 1.5】

1. 曲線 $\sqrt{x} + \sqrt{y} = 1$ について
   (1) 長さを求めよ．
   (2) この曲線および x 軸 y 軸とで囲む部分の面積を求めよ．

2. 方程式 $(x^2 + y^2 - x)^2 = x^2 + y^2$ で表される曲線は **cardioid**（心臓形）とよばれる．

(1) 極座標では $r = 1 + \cos\theta$ と表せることを示せ．
(2) 長さを求めよ．
(3) この曲線の囲む図形の面積を求めよ．

3. cycloid：$x = t - \sin t$, $y = 1 - \cos t$ ($0 < t < 2\pi$) と x 軸とで囲む図形の面積を求めるため $\displaystyle\int_0^{2\pi} y\,dx$ を計算せよ．

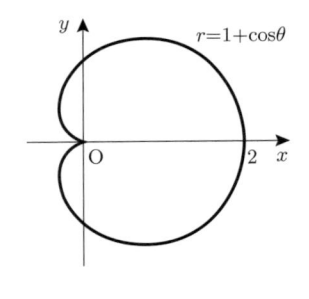

4. 不等式 $|x|^p + |y|^p \leqq a^p$ ($a, p > 0$) による図形の面積を Γ 関数で表せ．

5. 公式 (1.46) は，つぎのように表せることを示せ．
$$S(D) = \int_a^b \varphi(t)\psi'(t)dt$$
または
$$S(D) = -\int_a^b \psi(t)\varphi'(t)dt$$

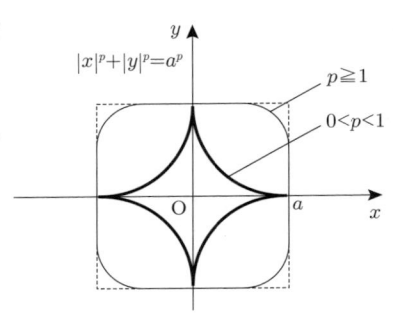

§1.6 補 足

I. 積分可能について

はじめに，この節で何度か使う連続関数についての一つの性質を挙げる．

「関数 f が有界閉区間 $[a, b]$ で連続ならば，任意の正の数 ε に対しある $\delta > 0$ を定めると

$$|x - x'| < \delta, \quad x, x' \in [a, b] \implies |f(x) - f(x')| < \varepsilon \tag{1.49}$$

がなりたつ．」

この命題の結論は「**一様連続**」とよばれている．さて，定理 1.1 であるつぎを証明する．

§1.6 補足

定理 有界閉区間上の連続な関数は積分可能である．

証明 関数 f を有界閉区間 $[a,b]$ 上の連続関数とする．$[a,b]$ の分割を

$$\Delta: \quad a = x_0 < x_1 < \cdots < x_{i-1} < x_i < \cdots < x_n = b$$

とする．各小区間 $[x_{i-1}, x_i]$ での f の最小値を l_i，最大値を m_i とし

$$s(\Delta) = \sum_{i=1}^{n} l_i(x_i - x_{i-1}), \quad S(\Delta) = \sum_{i=1}^{n} m_i(x_i - x_{i-1}) \tag{1.50}$$

とおく．任意の $\xi_i \in [x_{i-1}, x_i]$ に対し $l_i \leqq f(\xi_i) \leqq m_i$ であるから

$$s(\Delta) \leqq \sum_{i=1}^{n} f(\xi_i)(x_i - x_{i-1}) \leqq S(\Delta)$$

したがって，もし $\|\Delta\| \to 0$ のとき $s(\Delta), S(\Delta)$ が共にある数 $(=\alpha)$ に近づくならば，$\sum_{i=1}^{n} f(\xi_i)(x_i - x_{i-1})$ も α に近づくことになるので，定義から f は $[a,b]$ で積分可能となる．このような数 α の存在を，つぎの (a), (b), (c) で示す．

(a) 任意の二つの分割 Δ_1, Δ_2 について $s(\Delta_1) \leqq S(\Delta_2)$ がなりたつ．

これは，Δ_1 と Δ_2 の分点をあわせて新たな分割 Δ_3 をつくると，次のようになるからである．

$$s(\Delta_1) \leqq s(\Delta_3) \leqq S(\Delta_3) \leqq S(\Delta_2)$$

(b) 任意の正の数 ε に対し，ある δ を定めるとつぎがなりたつ．

$$\|\Delta\| < \delta \implies 0 \leqq S(\Delta) - s(\Delta) < \varepsilon \tag{1.51}$$

これは，与えられた ε に対し $p = \varepsilon/(b-a)$ とおく．f は $[a,b]$ で連続であるから，この正の数 p に対し，先の一様連続性で定まる $\delta(>0)$ がある．このとき $\|\Delta\| < \delta$ をみたす分割では，すべての i で $0 \leqq m_i - l_i < p$ となるから

$$S(\Delta) - s(\Delta) = \sum_{i=1}^{n}(m_i - l_i)(x_i - x_{i-1}) < p \sum_{i=1}^{n}(x_i - x_{i-1}) = p(b-a) = \varepsilon$$

(c) (a), (b) から $\sup\{s(\Delta); \Delta\} = \inf\{S(\Delta); \Delta\}$ となるので，この共通の値を α とおく．(b) により，任意の ε に対しある $\delta(>0)$ を定めると，$\|\Delta\| < \delta$ ならば

$$0 \leqq \alpha - s(\Delta) \leqq S(\Delta) - s(\Delta) < \varepsilon, \quad 0 \leqq S(\Delta) - \alpha \leqq S(\Delta) - s(\Delta) < \varepsilon$$

これは，$\|\Delta\| \to 0$ のとき $s(\Delta), S(\Delta)$ が共に α に近づくことを示している． $\square$

連続性とは別に，つぎがなりたつ．
「有界閉区間上の単調増加（減少）な関数は積分可能である．」

証明 関数 f が $[a,b]$ で単調増加関数であるときだけを示す．$[a,b]$ の分割を Δ とし，f の $[x_{i-1}, x_i]$ での最小値を l_i，最大値を m_i とおく．上記で連続な場合に行った証明のうち，(b) 以外はまったく同じになりたつので，(b) が示せればよい．正の数 ε に対し，$\delta = \varepsilon/(f(b) - f(a) + 1)$ とおく．$\|\Delta\| < \delta$ である任意の分割 Δ では，すべての i で $0 \leqq x_i - x_{i-1} < \delta$ となるので

$$0 \leqq S(\Delta) - s(\Delta) = \sum_{i=1}^{n}(m_i - l_i)(x_i - x_{i-1}) \leqq \delta \sum_{i=1}^{n}(m_i - l_i) \quad (1.52)$$

f は単調増加関数より，$m_i = f(x_i) = l_{i+1} \, (i = 1, 2, \cdots, n-1)$ から

$$= \delta(m_n - l_1) = \delta(f(b) - f(a)) < \varepsilon \quad \square$$

II. Taylor の定理の剰余項の積分表示

定理 1.11 関数 f は区間 I 上で C^n 級とし，$a \in I$ とする．つぎがなりたつ．

$$f(x) = \sum_{i=0}^{n-1} \frac{f^{(i)}(a)}{i!}(x-a)^i + \frac{1}{(n-1)!}\int_a^x f^{(n)}(t)(x-t)^{n-1} dt \quad (x \in I) \tag{1.53}$$

証明 結果の検証だけをする．任意に x を定め，部分積分すると

$$\frac{1}{(n-1)!}\int_a^x f^{(n)}(t)(x-t)^{n-1} dt$$
$$= -\frac{f^{(n-1)}(a)}{(n-1)!}(x-a)^{n-1} + \frac{1}{(n-2)!}\int_a^x f^{(n-1)}(t)(x-t)^{n-2} dt$$

これは漸化式であり，引き続き下げていくと最後は (1.21) により

$$= \cdots = -\sum_{i=1}^{n-1}\frac{f^{(i)}(a)}{i!}(x-a)^i + f(x) - f(a) \quad \square$$

注 (1.53) の剰余項を変数変換し，つぎの形で利用することがある．

$$f(x) = \sum_{i=0}^{n-1} \frac{f^{(i)}(a)}{i!}(x-a)^i + \frac{(x-a)^n}{(n-1)!}\int_0^1 f^{(n)}(sa+(1-s)x)s^{n-1}ds \tag{1.54}$$

III. Leibniz の規則

x の変域は区間 I とし，2変数関数 $f(x,t)$ は

$$\{(x,t);\ x \in I,\ a \leqq t \leqq b\} \quad (= I \times [a,b] \text{ で表す})$$

上で定義されているものとする．

定理 1.12 $f(x,t),\ f_x(x,t)$ が共に $I \times [a,b]$ で連続ならば，I 上でつぎがなりたつ．

$$\frac{d}{dx}\int_a^b f(x,t)dt = \int_a^b \frac{\partial f}{\partial x}(x,t)dt \quad (\textbf{Leibniz の規則}) \tag{1.55}$$

証明 $f(x,t),\ f_x(x,t)$ は t について連続だから，どの x でも上の両辺の積分値は定まる．前者の積分値をつぎのようにおく．

$$F(x) = \int_a^b f(x,t)dt \quad (x \in I)$$

任意の $p(\in I)$ での $F'(p)$ を求める．I に含まれる閉区間 $[c,d]$ を $p \in [c,d]$ であるように定め，$s(\neq 0)$ は $p+s \in [c,d]$ とする．微分法の平均値の定理により，p と $p+s$ の間の数 $\overline{p}(=\overline{p}(t))$ により

$$F(p+s) - F(p) = \int_a^b \{f(p+s,t) - f(p,t)\}dt = s\int_a^b f_x(\overline{p},t)dt$$

$$\frac{F(p+s) - F(p)}{s} = \int_a^b \{f_x(\overline{p},t) - f_x(p,t)\}dt + \int_a^b f_x(p,t)dt$$

あとは右辺の第1項が $s \to 0$ のとき 0 に収束することを示せばよい．f_x は，有界閉集合 $[c,d] \times [a,b]$ 上で 2 変数関数の一様連続性より，任意の $\varepsilon > 0$ に対しある $\delta > 0$ があり，$|q-p| < \delta$ ならばすべての $t(\in [a,b])$ でつぎがなりたつ．

$$|f_x(q,t) - f_x(p,t)| < \varepsilon$$

この不等式により第1項を評価する．$|s| < \delta$ ならば $|\overline{p}-p| < \delta$ となるので

$$\left|\int_a^b \{f_x(\overline{p},t) - f_x(p,t)\}dt\right| \leqq \int_a^b \varepsilon dt = (b-a)\varepsilon$$

これは $s \to 0$ のとき，右辺の第1項が0に収束することを意味する． □

さて，定理 1.12 と同様な仮定の下で

$$\int_a^y f(x,t)dt \quad (\; = F(x,y) \text{ とおく})$$

を考える．$u(x)$ を微分可能とし，合成関数 $F(x,y)$, $y = u(x)$ を微分すると

$$\frac{d}{dx}F(x,u(x)) = F_x(x,u(x)) + F_y(x,u(x))u'(x)$$

F_x には Leibniz の規則を使い F_y には (1.23) を使うと，つぎの公式を得る．

$$\frac{d}{dx}\int_a^{u(x)} f(x,t)dt = \int_a^{u(x)} \frac{\partial f}{\partial x}(x,t)dt + f(x,u(x))u'(x) \tag{1.56}$$

IV. Wallis の公式と $\varGamma\left(\dfrac{1}{2}\right)$

$n = 1, 2, 3, \cdots$ とする．積分の単調性から

$$\int_0^{\pi/2} (\sin x)^{2n-1}dx > \int_0^{\pi/2} (\sin x)^{2n}dx > \int_0^{\pi/2} (\sin x)^{2n+1}dx$$

(1.26) で積分値を求めると

$$\frac{(2n-2)!!}{(2n-1)!!} > \frac{(2n-1)!!}{(2n)!!}\frac{\pi}{2} > \frac{(2n)!!}{(2n+1)!!}$$

これをつぎのように変形する．

$$\frac{1}{\pi} > n\left(\frac{(2n-1)!!}{(2n)!!}\right)^2 > \frac{2n}{\pi(2n+1)}$$

各辺の正の平方根をとり $n \to \infty$ とするとつぎを得る．

$$\lim_{n\to\infty} \frac{(2n)!!}{(2n-1)!!\sqrt{n}} = \sqrt{\pi} \; (= 1.77245385\cdots) \quad (\textbf{Wallis の公式}) \tag{1.57}$$

この公式は $\displaystyle\lim_{n\to\infty}\frac{2^{2n}(n!)^2}{(2n)!\sqrt{n}}=\sqrt{\pi}$ として使われることもある.

$\bm{\Gamma\left(\dfrac{1}{2}\right)=\sqrt{\pi}}$ について

$\Gamma\left(\dfrac{1}{2}\right)$ の値は, 未証明な公式 (1.39) を使えば, 問 14 の (1) により

$$\Gamma\left(\frac{1}{2}\right)^2=\Gamma(1)B\left(\frac{1}{2},\frac{1}{2}\right)=2\int_0^{\pi/2}d\theta=\pi$$

として求まる. (1.39) によらないで Wallis の公式を用いて求めてみる.

$$\Gamma\left(\frac{1}{2}\right)=\int_0^\infty e^{-x}x^{-1/2}dx=2\int_0^\infty \exp(-t^2)dt$$

であるので, 右端の積分値を求める. まず一般に $x\neq 0$ のとき $1+x<e^x$ であるが, これからつぎの二つの不等式が得られる.

$$0<1-x^2<e^{-x^2}\quad(0<x<1),\quad e^{-x^2}<\frac{1}{1+x^2}\quad(x>0)\quad(1.58)$$

これらを n（自然数）乗して積分すると

$$\int_0^1(1-x^2)^n dx<\int_0^\infty \exp(-nx^2)dx<\int_0^\infty\frac{1}{(1+x^2)^n}dx\quad(1.59)$$

それぞれの積分を, つぎのように変数変換する.

$$x=\sin\theta,\quad x=\frac{t}{\sqrt{n}},\quad x=\tan\theta$$

$$\int_0^{\pi/2}(\cos\theta)^{2n+1}d\theta<\frac{1}{\sqrt{n}}\int_0^\infty \exp(-t^2)dt<\int_0^{\pi/2}(\cos\theta)^{2n-2}d\theta$$

(1.26) により積分値を求め, $\sqrt{n}$ 倍すると

$$\sqrt{n}\cdot\frac{(2n)!!}{(2n+1)!!}<\int_0^\infty \exp(-t^2)dt<\sqrt{n}\cdot\frac{(2n-3)!!}{(2n-2)!!}\frac{\pi}{2}$$

両端の数列の極限値が, Wallis の公式を利用して求まる. $n\to\infty$ のとき

$$\text{左端}=\frac{(2n)!!}{(2n-1)!!\sqrt{n}}\frac{n}{2n+1}\to\frac{\sqrt{\pi}}{2}$$

$$\text{右端} = \frac{(2n-1)!!\sqrt{n}}{(2n)!!}\frac{2n}{2n-1}\frac{\pi}{2} \to \frac{\sqrt{\pi}}{2}$$

よって，つぎを得る．

$$\int_0^\infty \exp(-t^2)dt = \frac{\sqrt{\pi}}{2} \tag{1.60}$$

§2.4 例 10 を参照．

V. 絶対収束について

広義積分で被積分関数の符号が一定でないとき，絶対値をとって収束を調べることがある．$\int_a^\infty |f(x)|dx$ が収束するとき，$\int_a^\infty f(x)dx$ は**絶対収束**であるという．非負値化した関数 $|f(x)|$ の広義積分の収束には，定理 1.5 や定理 1.6 が利用できる．被積分関数は連続とする．

定理 1.13 $\int_a^\infty f(x)dx$ は，絶対収束であれば収束する．

証明 まずはじめに，関数は二つの非負値関数の差で表せることを示す．関数 f_+ と f_- をつぎのように定義する．

$$f_+(x) = \frac{|f(x)| + f(x)}{2}, \qquad f_-(x) = \frac{|f(x)| - f(x)}{2} \tag{1.61}$$

すぐわかる性質として

$$0 \leqq f_\pm(x) \leqq |f(x)|, \qquad f(x) = f_+(x) - f_-(x) \tag{1.62}$$

f は連続とするので f_+, f_- も連続である．仮定 $\int_a^\infty |f(x)|dx$ （収束）から，定理 1.5 によりつぎは共に収束である．

$$\int_a^\infty f_+(x)dx, \qquad \int_a^\infty f_-(x)dx \tag{1.63}$$

したがって，つぎは収束する．

$$\int_a^\infty f(x)dx = \lim_{t\to\infty} \int_a^t f(x)dx = \lim_{t\to\infty} \int_a^t f_+(x)dx - \lim_{t\to\infty} \int_a^t f_-(x)dx \quad \square$$

他の区間上の広義積分の場合も定理 1.13 と同様なことがなりたつ．定理 1.13 の逆は一般になりたたない．実際，つぎのような例がある．

例 22 $\int_0^\infty \dfrac{\sin x}{x} dx$ は収束だが $\int_0^\infty \left|\dfrac{\sin x}{x}\right| dx$ は発散する．

証明 $f(x) = \dfrac{\sin x}{x}$ とおく．$\lim_{x \to 0} f(x) = 1$ から f は $x = 0$ で連続化できるので，$(0, \pi]$ 上では定積分とみなせる．したがって，両方とも $[\pi, \infty)$ 上に限定して収束・発散を調べればよい．

(i) $\int_\pi^\infty f(x) dx$ は収束すること：

部分積分により
$$\int_\pi^\infty f(x) dx = \left[-\frac{\cos x}{x}\right]_\pi^\infty - \int_\pi^\infty \frac{1}{x^2} \cos x \, dx \tag{1.64}$$

右辺の第 1 項は $-\dfrac{1}{\pi}$ である．第 2 項の被積分関数は
$$\left|\frac{1}{x^2} \cos x\right| = \frac{1}{x^2} |\cos x|, \quad |\cos x| \leq 1$$

したがって定理 1.6 の (1) により，第 2 項は絶対収束であり収束する．以上より (1.64) は収束である．

(ii) $\int_\pi^\infty |f(x)| dx$ は ∞ に発散すること：

$t \geq \pi$ とし，自然数 n を $n = [t/\pi]$ とおくと $t \geq n\pi$ である．

$$\int_\pi^t |f(x)| dx \geq \int_\pi^{n\pi} |f(x)| dx = \sum_{k=2}^n \int_{(k-1)\pi}^{k\pi} \frac{|\sin x|}{x} dx$$
$$\geq \sum_{k=2}^n \int_{(k-1)\pi}^{k\pi} \frac{|\sin x|}{k\pi} dx = \frac{2}{\pi} \sum_{k=2}^n \frac{1}{k}$$

末尾の項は，調和級数の発散（『微分』，§1.3，例 6）から，$n \to \infty$ のとき ∞ に発散する．よって
$$\int_\pi^\infty |f(x)| dx = \lim_{t \to \infty} \int_\pi^t |f(x)| dx = \infty \quad \square$$

VI. 積分と級数

ある種の級数の収束・発散を判定するのに，広義積分を利用することがある．級数 $\sum_{n=1}^{\infty} a_n$ の項が，単調減少関数 f により $a_n = f(n)\,(n=1,2,3,\cdots)$ のように表される場合を考える．

$$a_i = f(i) \geqq \int_i^{i+1} f(x)dx \geqq f(i+1) = a_{i+1}$$

を $i=1,2,\cdots,n-1$ にわたって辺々加え

$$a_1 + \cdots + a_{n-1} \geqq \int_1^n f(x)dx \geqq a_2 + \cdots + a_n \tag{1.65}$$

となる．したがって f が非負値のときは，つぎがなりたつ．

$$\sum_{n=1}^{\infty} a_n \quad 収束 \iff \int_1^{\infty} f(x)dx \quad 収束$$

f がある点で負値になるときは，両者とも $-\infty$ に発散する．

また，関数が単調増加関数のときも同様である．関数の単調性はある数 $c\,(\geqq 1)$ から先でもよい．これらをまとめて述べると

定理 1.14 級数 $\sum_{n=1}^{\infty} a_n$ に対し区間 $[c,\infty)$ 上の単調な関数 f があり，すべての $n\,(\geqq c)$ で $a_n = f(n)$ であるとき

$$\sum_{n=1}^{\infty} a_n \quad 収束 \iff \int_c^{\infty} f(x)dx \quad 収束$$

例 23 汎調和級数とよばれる級数 $\sum_{n=1}^{\infty} \dfrac{1}{n^p}$ に対し，関数 $f(x) = \dfrac{1}{x^p}$ を考えると定理 1.14 の仮定をみたす．$\int_1^{\infty} \dfrac{1}{x^p}dx$ が収束するための必要十分条件は $p>1$ である（§1.4 例 14）．したがって，つぎがなりたつことになる．

$$\sum_{n=1}^{\infty} \frac{1}{n^p} \quad 収束 \iff p>1 \tag{1.66}$$

同様に，定理 1.14 によりつぎを導くこともできる．

$$\sum_{n=2}^{\infty} \frac{1}{n^p (\log n)^q} \quad 収束 \iff p>1 \quad または \quad p=1,\,q>1$$

調和級数 $\sum_{n=1}^{\infty} \frac{1}{n}$ は ∞ に発散するが，つぎのようにしてその様子がわかる．

$$d_n = \sum_{k=1}^{n} \frac{1}{k} - \int_1^n \frac{1}{x} dx$$

とおくと

$$d_n - d_{n+1} = \int_n^{n+1} \left(\frac{1}{x} - \frac{1}{n+1} \right) dx > 0$$

よって $d_n > d_{n+1}$（単調減少列）である．一方，$n \geqq 2$ のとき (1.65) から

$$d_n > \sum_{k=1}^{n-1} \frac{1}{k} - \int_1^n \frac{1}{x} dx > 0$$

以上より $\{d_n\}$ は単調減少列で下に有界であるから収束する．その極限値を C とおくと，つぎのように表せる．

$$\lim_{n \to \infty} \left(1 + \frac{1}{2} + \cdots + \frac{1}{n} - \log n \right) = C \tag{1.67}$$

これは n が十分大きいとき

$$1 + \frac{1}{2} + \cdots + \frac{1}{n} \fallingdotseq \log n + C$$

であることを示している．$C = 0.5772156649\cdots$ であることが知られており，**Euler の定数**とよばれている．調和級数の発散はゆっくりであり，たとえば 1 億項の部分和の値は 18.998 ほどである．

VII. 折れ線の長さから積分へ

§1.5 定理 1.8 の前の説明で省略した部分を証明する．有界閉区間 $[a, b]$ の分割を

$$\Delta: \quad a = t_0 < t_1 < \cdots < t_n = b$$

とおく．c_i, d_i は小区間 $[t_{i-1}, t_i]$ に属する任意の数とする．

関数 φ, ψ が $[a, b]$ で C^1 級であれば，$\|\Delta\| \to 0$ のときつぎがなりたつ．

$$\sum_{i=1}^{n} \sqrt{\varphi'(c_i)^2 + \psi'(d_i)^2} (t_i - t_{i-1}) \to \int_a^b \sqrt{\varphi'(t)^2 + \psi'(t)^2} \, dt \tag{1.68}$$

これを証明する．$F(x, y) = \sqrt{x^2 + y^2}$ とおく．仮定から $F(\varphi'(t), \psi'(t))$ は

$[a,b]$ で積分可能であるので，$\|\Delta\| \to 0$ のとき

$$\sum_{i=1}^{n} F(\varphi'(c_i), \psi'(c_i))(t_i - t_{i-1}) \to \int_a^b F(\varphi'(t), \psi'(t))dt \qquad (1.69)$$

である（$\psi'(c_i)$ に注意）．よって $\|\Delta\| \to 0$ のとき，つぎの差が小さくなることがわかればよい．

$$(E =) \sum_{i=1}^{n} F(\varphi'(c_i), \psi'(d_i))(t_i - t_{i-1}) - \sum_{i=1}^{n} F(\varphi'(c_i), \psi'(c_i))(t_i - t_{i-1})$$

E の絶対値を評価する．

$$|E| \leqq \sum_{i=1}^{n} |F(\varphi'(c_i), \psi'(d_i)) - F(\varphi'(c_i), \psi'(c_i))|(t_i - t_{i-1})$$

ここで，一般に三角形の 2 辺の差は残りの辺の長さを越えないので

$$|F(h,k) - F(h,l)| = |\sqrt{h^2 + k^2} - \sqrt{h^2 + l^2}| \leqq |k - l| \qquad (1.70)$$

である．これを使うとつぎのようになる．

$$|E| \leqq \sum_{i=1}^{n} |\psi'(d_i) - \psi'(c_i)|(t_i - t_{i-1})$$

ε を任意の正の数とする．ψ' は連続であるから一様連続性 (1.49) によりある δ が定まり，$\|\Delta\| < \delta$ であればすべての i で $|\psi'(d_i) - \psi'(c_i)| < \varepsilon$ がなりたつので

$$|E| \leqq \varepsilon(b - a)$$

これは $\|\Delta\| \to 0$ のとき $E \to 0$ であることを示している． □

VIII. 多角形の面積から積分へ

表題の説明に入る前に，一つの定理を述べる．Riemann 和から定積分へと移ることの一般化に相当する．

定理 1.15 有界閉区間 $[a,b]$ で関数 f は連続，g は C^1 級とする．$[a,b]$ の分割を

$$\Delta: \quad a = x_0 < x_1 < \cdots < x_n = b$$

§1.6 補足

とし, ξ_i は $[x_{i-1}, x_i]$ の任意の点とする. $\|\Delta\| \to 0$ のとき, つぎがなりたつ.

$$\sum_{i=1}^{n} f(\xi_i)(g(x_i) - g(x_{i-1})) \to \int_a^b f(x)g'(x)dx \tag{1.71}$$

証明 平均値の定理を使い, ある $c_i \in (x_{i-1}, x_i)$ により

$$\sum_{i=1}^{n} f(\xi_i)(g(x_i) - g(x_{i-1})) = \sum_{i=1}^{n} f(\xi_i)g'(c_i)(x_i - x_{i-1})$$

一方, 積関数 $f \cdot g'$ は $[a, b]$ で連続であるから, $\|\Delta\| \to 0$ のとき

$$\sum_{i=1}^{n} f(\xi_i)g'(\xi_i)(x_i - x_{i-1}) \to \int_a^b f(x)g'(x)dx \tag{1.72}$$

である. ε を任意の正の数とする. g' の一様連続性 (1.49) から, ある δ があり $\|\Delta\| < \delta$ ならばすべての i で $|g'(c_i) - g'(\xi_i)| < \varepsilon$ となる. よってつぎがなりたつ.

$$\left| \sum_{i=1}^{n} f(\xi_i)g'(c_i)(x_i - x_{i-1}) - \sum_{i=1}^{n} f(\xi_i)g'(\xi_i)(x_i - x_{i-1}) \right| \tag{1.73}$$

$$\leqq \sum_{i=1}^{n} |f(\xi_i)| \, |g'(c_i) - g'(\xi_i)|(x_i - x_{i-1}) \leqq \sum_{i=1}^{n} |f(\xi_i)| \varepsilon (x_i - x_{i-1})$$

関数 $|f|$ の $[a, b]$ での最大値を M とおくと

$$(1.73) \leqq \varepsilon \sum_{i=1}^{n} M(x_i - x_{i-1}) = \varepsilon M(b - a)$$

これは $\|\Delta\| \to 0$ のとき, (1.73) の差が小さくなることを示している. (1.72) とあわせると (1.71) がなりたつことになる. □

さて, 右図のように二つの線分 OA, OB および C^1 級曲線

$C: \quad x = \varphi(t), \, y = \psi(t) \quad (a \leqq t \leqq b)$

で囲まれた図形 D があり, C 上の点 $(\varphi(t), \psi(t))$ は t の増加に伴って D を左にみながら進むものとする. $[a, b]$ の分割を

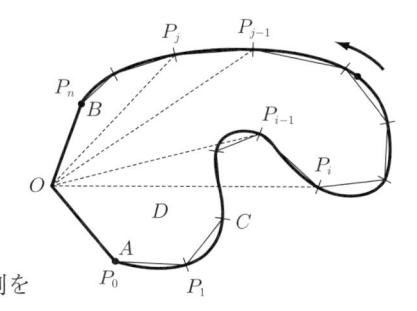

$$\Delta: \quad a = t_0 < t_1 < \cdots < t_n = b$$

とし，分点に対応する C 上の点を $P_i(\varphi(t_i), \psi(t_i))$ とおく．ベクトル $\overrightarrow{OP_{i-1}}$, $\overrightarrow{OP_i}$ の成分から

$$\frac{1}{2}\det\begin{pmatrix}\varphi(t_{i-1}) & \psi(t_{i-1}) \\ \varphi(t_i) & \psi(t_i)\end{pmatrix} \quad (= S_i \text{とおく}) \tag{1.74}$$

をつくる．この値の図形的意味は，$\overrightarrow{OP_{i-1}}$ から $\overrightarrow{OP_i}$ へのなす角が正か負かにより

$$S_i = (\triangle OP_{i-1}P_i \text{の面積}) > 0, \quad S_i = -(\triangle OP_{i-1}P_i \text{の面積}) < 0$$

よって $\sum_{i=1}^{n} S_i$ は，$O, P_0, P_1, \cdots, P_n$ を頂点とする多角形の面積を表す．$\|\Delta\| \to 0$ のとき，この多角形の面積は D の面積 $(= S(D))$ に近づく．

一方で，行列式の第 2 行から第 1 行を引いて展開すると

$$\sum_{i=1}^{n} S_i = \frac{1}{2}\sum_{i=1}^{n}\{\varphi(t_{i-1})(\psi(t_i) - \psi(t_{i-1})) - \psi(t_{i-1})(\varphi(t_i) - \varphi(t_{i-1}))\}$$

この右辺は，$\|\Delta\| \to 0$ のとき，定理 1.15 により $\frac{1}{2}\{\varphi(t)\psi'(t) - \psi(t)\varphi'(t)\}$ の積分に近づく．

以上より，つぎがなりたつことになる．

$$S(D) = \frac{1}{2}\int_a^b \{\varphi(t)\psi'(t) - \psi(t)\varphi'(t)\}dt$$

とくに $B = A$ である場合が，定理 1.9 である．

つぎに，定理 1.10 のように曲線 C が極座標の方程式 $r = f(\theta)$ で与えられたとき，xy 座標では

$$C: \quad x = f(\theta)\cos\theta, \quad y = f(\theta)\sin\theta \quad (\alpha \leqq \theta \leqq \beta)$$

これから $xy' - yx' = f(\theta)^2$ となるので

$$S(D) = \frac{1}{2}\int_\alpha^\beta (xy' - yx')d\theta = \frac{1}{2}\int_\alpha^\beta f(\theta)^2 d\theta$$

第2章

重積分法

多変数関数に対する積分は重積分ともいわれる．曲がった立体の体積，密度が一様でない物体の質量など，何かの立体的な総量を考えるためにある．自然現象で，流体，弾性体，電磁気などの物理現象の方程式を導く際にも本質的に用いられる．重積分を考える際に関数の定義域となる集合が多次元のため多様で一般には複雑になる．そして，1 変数関数に対する積分と比較して，議論が高度なものになり得る．本章では長方形領域や縦線集合とよばれる，シンプルな集合上の連続関数の重積分をおもに扱い，具体的な積分計算を学ぶ．累次積分法や置換積分（多変数版）を学び，これによって応用上重要な多くの場合について積分計算を行うことが可能となる．まずは区分求積法の基本を理解することから始める．

§2.1　2重積分の定義と性質

この節では，2 重積分の定義とその一般的な性質を述べる．証明など詳しい説明は高度な議論になるのでほとんど省略する．

はじめに，**長方形**

$$K = \{(x,y) \in \boldsymbol{R}^2;\ a \leqq x \leqq b,\ c \leqq y \leqq d\}$$

で定義された関数 $f(x,y)$ の 2 重積分を考える．以後 $K = [a,b] \times [c,d]$ のように表す．二つの区間 $[a,b], [c,d]$ をそれぞれ p,q 個の区間に分割すると，K は pq 個の長方形に分割される．これを K の**分割**といい

$$\Delta: \begin{array}{l} a = x_0 < x_1 < \cdots < x_p = b \\ c = y_0 < y_1 < \cdots < y_q = d \end{array}$$

のように表す．この分割によってできた pq 個の長方形を

$$K_{ij} = [x_{i-1}, x_i] \times [y_{j-1}, y_j] \quad (i = 1, \cdots, p;\ j = 1, \cdots, q)$$

とおく．また，各 K_{ij} の辺の長さ $x_1 - x_0, x_2 - x_1, \cdots, x_p - x_{p-1}, y_1 - y_0,$

$y_2 - y_1, \cdots, y_q - y_{q-1}$ の中の最大値を $\|\Delta\|$, K および K_{ij} の面積 $(b-a)(d-c)$, $(x_i - x_{i-1})(y_j - y_{j-1})$ をそれぞれ $\mu(K)$, $\mu(K_{ij})$ と表す.

つぎに,各 K_{ij} から任意に 1 点 (ξ_{ij}, η_{ij}) をとり,**Riemann 和**

$$\sum_{i=1}^{p} \sum_{j=1}^{q} f(\xi_{ij}, \eta_{ij}) \mu(K_{ij}) \tag{2.1}$$

を作る. $\|\Delta\| \to 0$ のとき, Riemann 和 (2.1) が一定値 α に近づくとき, f は K で**積分可能**であるという. また, 一定値 α を, f の K 上の (**2 重**) **積分**といい

$$\iint_K f(x,y) dx dy, \qquad \int_K f d\mu \tag{2.2}$$

などと表す. f を**被積分関数**, K を**積分区域**という.

注 一定値 α は, f と K のみで定まる実数である. とくに, 分割 Δ または (ξ_{ij}, η_{ij}) の選び方には無関係である.

例 1 $f(x,y) = c$ (定数) のとき, (2.1) は $c\mu(K)$ に等しい. したがって, f は任意の長方形 K で積分可能かつ

$$\iint_K f(x,y) dx dy = c\mu(K)$$

がなりたつ.

定理 1.1 と同様に次がなりたつ.

定理 2.1 $f(x,y)$ が K で連続ならば積分可能である.

つぎに, 有界な集合 $D \subset \mathbf{R}^2$ で定義された関数 $f(x,y)$ の積分を考える (D が有界であるとは, D がある長方形に含まれること). f を D の外で 0 として拡張した関数を f_D と書く. すなわち

$$f_D(x,y) = \begin{cases} f(x,y), & (x,y) \in D \\ 0, & (x,y) \in \mathbf{R}^2 \backslash D \end{cases}$$

とおく. ここで $\mathbf{R}^2 \backslash D$ は $\mathbf{R}^2$ から D をとり去った集合である.

定義 D を含む長方形 K を一つとる. このとき, f_D が K で積分可能なら

ば，f は D で**積分可能**であるという．また，f_D の K 上の積分を f の D 上の
（**2重**）**積分**といい

$$\iint_D f(x,y)dxdy, \qquad \int_D f d\mu \tag{2.3}$$

などと表す．f を**被積分関数**，D を**積分区域**という．

とくに，定数関数 $f(x,y) = 1$ が D で積分可能なとき，D は**面積をもつ**（または，D は**面積確定**である）といい，D の**面積** $\mu(D)$ を

$$\mu(D) = \iint_D 1 dxdy \tag{2.4}$$

と定義する．

注　f が D で積分可能であること，および f の D 上の積分は，D を含む長方形の選び方には無関係である．すなわち，f_D が D を含む一つの長方形で積分可能ならば，$D \subset K$ をみたすすべての K で f_D は積分可能であり，$\iint_K f_D dxdy$ は K の選び方に関係しない一定値である．

つぎに，どのような集合が面積をもつかを考える．（面積についての詳しい議論は，「§2.7 補足Ｉ」で述べる）．D の境界を ∂D と表す（集合の境界については，『微分』，第3章を参照）．このとき，つぎがなりたつ．

定理 2.2　有界な集合 $D(\subset \mathbf{R}^2)$ が面積をもつための必要十分条件は，∂D が面積0，すなわち，D の境界 ∂D の面積が0となることである．

面積0の集合としては線分などがあるが，さらに一般に，有界閉区間で連続な関数のグラフがある．したがって，有界な多角形領域などは面積確定となる．

定理 2.3　$f(x)$ が $[a,b]$ で連続ならばそのグラフ：

$$B = \{(x,y) \in \mathbf{R}^2;\ a \leqq x \leqq b,\ y = f(x)\}$$

は面積0である．（$x = g(y)$ によるグラフの場合も同様．）

注　線分も連続関数のグラフの特別な場合とみなすことができる．

系　**縦線形**

$$\begin{array}{l} D = \{(x,y) \in \mathbf{R}^2;\ a \leqq x \leqq b,\ g_1(x) \leqq y \leqq g_2(x)\} \\ g_1(x),\ g_2(x)\ は\ [a,b]\ で連続かつ\ g_1(x) \leqq g_2(x) \end{array} \tag{2.5}$$

は有界な閉集合であり，かつ面積確定である．

証明 $g_1(x)$ は $[a,b]$ で連続だから最小値（$= c$ とおく）をとる（『微分』，§1.5，定理 1.7）．また，$g_2(x)$ は $[a,b]$ で最大値（$= d$ とおく）をとる．したがって，D は長方形 $K = [a,b] \times [c,d]$ に含まれるので有界な集合である．さらに，D の境界 ∂D は，二つの線分と二つの連続関数のグラフ：

$$y = g_1(x) \quad (a \leqq x \leqq b), \qquad y = g_2(x) \quad (a \leqq x \leqq b)$$

からなるので，$\partial D \subset D$，すなわち D は閉集合である（『微分』，§3.1）．最後に，定理 2.3 により $\mu(\partial D) = 0$ だから定理 2.2 により D は面積確定である． □

つぎに，面積をもつ集合 D で定義された関数 f が積分可能であるための条件を考える．たとえば，f が D で連続であっても f_D は一般に D の境界 ∂D 上で不連続（$f = 1$ のとき f_D は ∂D 上のすべての点で不連続）だから，f_D に定理 2.1 を適用することはできない．したがって，定理 2.1 を，不連続点がある場合に拡張する必要がある．

定理 2.4 長方形 K で定義された有界な関数は，不連続点全体の集合が面積 0 ならば K で積分可能である．

系 1 面積をもつ有界集合 D で定義された有界連続関数 f は，D で積分可能である．

証明 $D \subset K$ をみたす長方形 K を一つとり，f_D が K で積分可能であることを示す．f_D の（K における）不連続点は，D の境界 ∂D に含まれ，D は面積をもつから定理 2.2 により $\mu(\partial D) = 0$ である．したがって，f_D の不連続点全体の面積は 0 であるから定理 2.4 により f_D は K で積分可能である．すなわち，f は D で積分可能である． □

系 2 D は縦線形（すなわち (2.5) の形）または有限個の縦線形の和集合とする．このとき，f が D で連続ならば f は D で有界かつ積分可能である．

証明 定理 2.3 の系により D は面積をもつ有界閉集合である．また，f は有界閉集合 D で連続だから最大値と最小値をとる（『微分』，§3.1，定理 3.1）．したがって，f は D で有界であるから系 1 により積分可能である． □

2 重積分の計算法はつぎの節で述べることにして，ここでは重積分の基本的な性質を挙げる．1 変数の積分の場合と同様な性質をもつ．

下記で，積分区域 D は面積確定とし，被積分関数 f, g は積分可能とする．

(i) 　α, β を定数とすると $\alpha f + \beta g$ も積分可能であり

$$\iint_D (\alpha f + \beta g)dxdy = \alpha \iint_D f\,dxdy + \beta \iint_D g\,dxdy \quad \text{(線形性)} \tag{2.6}$$

がなりたつ．

(ii) 　D が面積をもつ集合 D_1, D_2 の和集合のとき，共通部分 $D_1 \cap D_2$ が面積 0 ならば

$$\iint_D f\,dxdy = \iint_{D_1} f\,dxdy + \iint_{D_2} f\,dxdy \quad \text{(加法性)} \tag{2.7}$$

がなりたつ．とくに，D_2 が面積 0 ならば

$$\iint_{D_2} f\,dxdy = 0, \qquad \iint_D f\,dxdy = \iint_{D_1} f\,dxdy \tag{2.8}$$

である．

また，D から D_1 をとり去った残りという意味で D_2 を $D \setminus D_1$ と書くと

$$\iint_{D \setminus D_1} f\,dxdy = \iint_D f\,dxdy - \iint_{D_1} f\,dxdy \tag{2.9}$$

がなりたつ．

(iii) 　D 上で $f(x, y) \leqq g(x, y)$ ならば

$$\iint_D f(x, y)dxdy \leqq \iint_D g(x, y)dxdy \quad \text{(単調性)} \tag{2.10}$$

がなりたつ．(2.10) で等号のとき，f, g は共通の連続点すべてで一致する．

(iv)
$$\left| \iint_D f(x, y)dxdy \right| \leqq \iint_D |f(x, y)|dxdy \tag{2.11}$$

(v) 　(**重積分の平均値の定理**) 　D が弧状連結かつ f が連続ならば

$$\iint_D f(x,y)dxdy = f(P)\mu(D) \qquad (2.12)$$

をみたす点 $P\,(\in D)$ が存在する．ここで，D が**弧状連結**であるとは，D の任意の 2 点を D 内の連続曲線で結べる，ということである．

§2.2 重積分の累次化

重積分の値を，定義 (2.2) または (2.3) から直接計算することは難しいので 1 変数の積分に帰着させることを考える．これを重積分の累次化という．

はじめに，長方形上の重積分の累次化を考える．

定理 2.5（累次化）　$f(x,y)$ は $K = [a,b] \times [c,d]$ で積分可能とする．

(i)　各 $x \in [a,b]$ を固定したとき，$f(x,y)$ が y について $[c,d]$ で積分可能ならば $\int_c^d f(x,y)dy$ は x について $[a,b]$ で積分可能かつ

$$\iint_K f(x,y)dxdy = \int_a^b \left(\int_c^d f(x,y)dy \right) dx \qquad (2.13)$$

がなりたつ．

(ii)　各 $y \in [c,d]$ を固定したとき，$f(x,y)$ が x について $[a,b]$ で積分可能ならば $\int_a^b f(x,y)dx$ は y について $[c,d]$ で積分可能かつ

$$\iint_K f(x,y)dxdy = \int_c^d \left(\int_a^b f(x,y)dx \right) dy \qquad (2.14)$$

がなりたつ．

系　$f(x,y)$ が $K = [a,b] \times [c,d]$ で連続ならば，$\int_c^d f(x,y)dy$ は x について $[a,b]$ で積分可能，$\int_a^b f(x,y)dx$ は y について $[c,d]$ で積分可能であり，さらに

$$\iint_K f(x,y)dxdy = \int_a^b \left(\int_c^d f(x,y)dy \right) dx = \int_c^d \left(\int_a^b f(x,y)dx \right) dy \tag{2.15}$$

がなりたつ．

証明 f は K で連続だから定理 2.1 により積分可能である．また，各 $x \in [a,b]$ を固定すると，$f(x,y)$ は y について $[c,d]$ で連続だから定理 1.1 により積分可能である．したがって，定理 2.5 の (i) により $\int_c^d f(x,y)dy$ は x について $[a,b]$ で積分可能かつ (2.15) のはじめの等号がなりたつ．同様に，定理 2.5 の (ii) により，$\int_a^b f(x,y)dx$ は y について $[c,d]$ で積分可能で，(2.15) の左端と右端が等しい．□

注 (i) (2.13) の右辺を

$$\int_a^b \left(\int_c^d f(x,y)dy \right) dx = \int_a^b dx \int_c^d f(x,y)dy$$

(2.14) の右辺を

$$\int_c^d \left(\int_a^b f(x,y)dx \right) dy = \int_c^d dy \int_a^b f(x,y)dx$$

と書くことがある．

(ii) $g_1(x)$ が $[a,b]$ で連続，$g_2(y)$ が $[c,d]$ で連続ならば，積 $g_1(x)g_2(y)$ は長方形 $K = [a,b] \times [c,d]$ で連続だから，(2.15) で $f(x,y) = g_1(x)g_2(y)$ とおくと

$$\iint_K g_1(x)g_2(y)dxdy = \left(\int_a^b g_1(x)dx \right) \left(\int_c^d g_2(y)dy \right) \tag{2.16}$$

がなりたつ．

例 2 重積分

$$I = \iint_K y\cos(xy)dxdy, \quad K = [1,2] \times [0,\pi]$$

の値を求める．$f(x,y) = y\cos(xy)$ は K で連続だから (2.15) を使う．はじめに

$$I = \int_1^2 \left(\int_0^\pi y\cos(xy)dy \right) dx$$

として計算する．
$$\frac{\partial}{\partial y}\sin(xy) = x\cos(xy)$$

だから x を固定すると
$$\int_0^\pi y\cos(xy)dy = \frac{1}{x}\int_0^\pi y\frac{\partial \sin(xy)}{\partial y}dy$$
$$= \frac{1}{x}\left([y\sin(xy)]_{y=0}^{y=\pi} - \int_0^\pi \sin(xy)dy\right)$$
$$\int_0^\pi \sin(xy)dy = \left[-\frac{\cos(xy)}{x}\right]_{y=0}^{y=\pi} = -\frac{\cos(\pi x)-1}{x}$$
$$\therefore \quad \int_0^\pi y\cos(xy)dy = \frac{1}{x}\left(\pi\sin(\pi x) + \frac{\cos(\pi x)-1}{x}\right)$$
$$\therefore \quad I = \int_1^2 \left(\pi\frac{1}{x}\sin(\pi x) + \frac{1}{x^2}\cos(\pi x) - \frac{1}{x^2}\right)dx$$

また
$$\int_1^2 \frac{1}{x^2}\cos(\pi x)dx = \left[-\frac{1}{x}\cos(\pi x)\right]_1^2 + \int_1^2 \frac{1}{x}(\cos(\pi x))'dx$$
$$= -\frac{\cos(2\pi)}{2} + \cos\pi - \pi\int_1^2 \frac{1}{x}\sin(\pi x)dx$$
$$\therefore \quad I = -\frac{\cos(2\pi)}{2} + \cos\pi - \int_1^2 \frac{1}{x^2}dx = -\frac{1}{2} - 1 + \left[\frac{1}{x}\right]_1^2 = -2$$

つぎに
$$I = \int_0^\pi \left(\int_1^2 y\cos(xy)dx\right)dy$$

として計算する．
$$\frac{\partial}{\partial x}\sin(xy) = y\cos(xy)$$
$$\therefore \quad \int_1^2 y\cos(xy)dx = [\sin(xy)]_{x=1}^{x=2} = \sin(2y) - \sin y$$

$$\therefore\ I = \int_0^\pi (\sin(2y) - \sin y)dy = \left[-\frac{1}{2}\cos(2y) + \cos y\right]_0^\pi$$
$$= \left(-\frac{\cos(2\pi)}{2} + \cos\pi\right) - \left(-\frac{1}{2}\cos 0 + \cos 0\right)$$
$$= \left(-\frac{1}{2} - 1\right) - \left(-\frac{1}{2} + 1\right) = -2$$

注 上の例のように (2.15) が使える場合，二つの累次積分のうち，どちらを選ぶかで計算の手間に大きな差が出ることが多い．

例 3 $I = \iint_{0 \leqq r \leqq 1,\, 0 \leqq \theta \leqq \pi} r^2 \sin\theta\, dr d\theta$ の値を求める．

(2.16) で $g_1(r) = r^2$，$g_2(\theta) = \sin\theta$ とおくと

$$I = \left(\int_0^1 r^2 dr\right)\left(\int_0^\pi \sin\theta\, d\theta\right) = \left[\frac{r^3}{3}\right]_0^1 \times [-\cos\theta]_0^\pi$$
$$= \frac{1}{3}(-\cos\pi + \cos 0) = \frac{2}{3}$$

問 1 つぎの積分値を求めよ．

(1) $\displaystyle\iint_K (x^2 + 2xy)dxdy, \quad K = [0,1] \times [0,1]$

(2) $\displaystyle\iint_K (x+y)^2 dxdy, \quad K = [0,2] \times [-1,1]$

(3) $\displaystyle\iint_K ye^{xy}dxdy, \quad K = [0,1] \times [0,1]$

つぎに，縦線形上の重積分の累次化を考える．

定理 2.6（累次化） D が (2.5) の形の縦線形とする，すなわち

$$D = \{(x,y) \in \mathbf{R}^2;\ a \leqq x \leqq b,\ g_1(x) \leqq y \leqq g_2(x)\}$$

$$g_1,\, g_2 \text{は} [a,b] \text{で連続かつ} g_1 \leqq g_2$$

とする．このとき $f(x,y)$ が D で連続ならば $\displaystyle\int_{g_1(x)}^{g_2(x)} f(x,y)dy$ は x について

$[a,b]$ で積分可能かつ

$$\iint_D f(x,y)dxdy = \int_a^b \left(\int_{g_1(x)}^{g_2(x)} f(x,y)dy \right) dx \tag{2.17}$$

がなりたつ．とくに，D の面積については

$$\mu(D) = \iint_D 1\,dxdy = \int_a^b \{g_2(x) - g_1(x)\}dx \tag{2.18}$$

がなりたつ．

注 (2.18) は (1.45) と実質的に同じである．また，(2.17) の右辺を

$$\int_a^b \left(\int_{g_1(x)}^{g_2(x)} f(x,y)dy \right) dx = \int_a^b dx \int_{g_1(x)}^{g_2(x)} f(x,y)dy$$

と書くことがある．

定理 2.6 の証明 はじめに (2.17) を示す．このために定理 2.5 (i) を f_D に適用する．定理 2.4 の系 2 により，f は D で有界かつ積分可能である．したがって，$K = [a,b] \times [c,d]$ を定理 2.3 の系の証明における長方形とすると，f_D は K で有界かつ積分可能である．さらに各 $x \in [a,b]$ を固定すると，$f_D(x,y) = f(x,y)\,(g_1(x) \leqq y \leqq g_2(x))$, $f_D(x,y) = 0\,(c \leqq y < g_1(x)$ または $g_2(x) < y \leqq d)$ だから，$f_D(x,y)$ は y の関数として $[c,d]$ で有界かつ不連続点は高々 2 点 $(y = g_1(x), y = g_2(x))$ である．よって，定理 1.1 の後で述べたことにより，$f_D(x,y)$ は y について $[c,d]$ で積分可能である．以上で，f_D は定理 2.5 (i) の仮定をみたすことがわかったので $\int_c^d f_D(x,y)dy$ は x について $[a,b]$ で積分可能かつ (2.13)，すなわち

$$\iint_K f_D(x,y)dxdy = \int_a^b \left(\int_c^d f_D(x,y)dy \right) dx$$

がなりたつ．この式の左辺は定義 (2.3) により (2.17) の左辺に等しい．また

$$\int_c^d f_D(x,y)dy = \int_{g_1(x)}^{g_2(x)} f(x,y)dy$$

だから，上式の右辺は (2.17) の右辺に等しい．つぎに (2.18) のはじめの等号は定義 (2.4) であり，後の等号は (2.17) で $f(x,y) = 1$ とおけばよい． □

積分区域 D が，関数 $x = l(y)$, $x = r(y)$ により
$$D = \{(x,y);\ c \leqq y \leqq d,\ l(y) \leqq x \leqq r(y)\}$$
のように表される場合，(2.17) と同様につぎがなりたつ．
$$\iint_D f(x,y)dxdy = \int_c^d dy \int_{l(y)}^{r(y)} f(x,y)dx \tag{2.19}$$
(2.19) と (2.17) の両方がなりたつ場合
$$\int_a^b dx \int_{g_1(x)}^{g_2(x)} f(x,y)dy = \int_c^d dy \int_{l(y)}^{r(y)} f(x,y)dx \tag{2.20}$$
この等式で一方から他方に移ることを，**積分順序の変更**という．

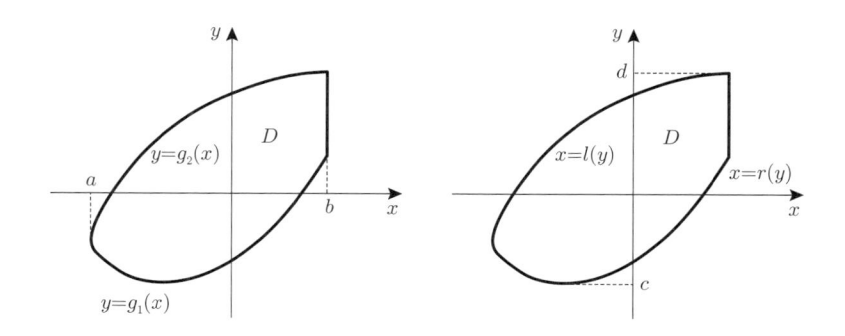

例 4（累次化） D を不等式 $x^2 + y^2 \leqq x$ で表される区域として
$$\iint_D \sqrt{x}\,dxdy \quad \left(= \iint_{x^2+y^2 \leqq x} \sqrt{x}\,dxdy\right)$$ 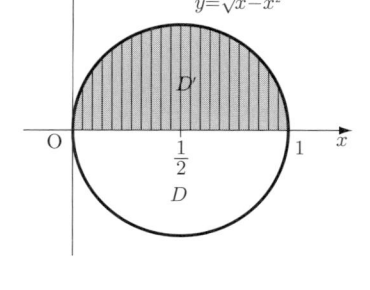
を求める．不等式 $x^2 + y^2 \leqq x$ は
$\left(x - \dfrac{1}{2}\right)^2 + y^2 \leqq \dfrac{1}{4}$ と同等であるので，
D は図のような円板である．D および被積分関数は x 軸に関し対称であるから，D の上半分 ($= D'$) 上での積分値の 2 倍となる．D' の上方の限界は $y = \sqrt{x - x^2}\,(= v(x))$ である．定理 2.6 により累次化し

$$\iint_{D'} \sqrt{x}\,dxdy = \int_0^1 dx \int_0^{v(x)} \sqrt{x}\,dy = \int_0^1 \sqrt{x}\,v(x)dx$$

右端の積分は，$\sqrt{x}\,v(x) = x(1-x)^{1/2}$ とし，$1-x = t$ で置換すると

$$\int_0^1 x(1-x)^{1/2}dx = -\int_1^0 (1-t)t^{1/2}dt = \frac{4}{15}$$

以上より

$$\iint_{x^2+y^2 \leqq x} \sqrt{x}\,dxdy = \frac{8}{15}$$

注 積分区域を表すのに条件式だけを示し，つぎのように書くことがある．

$$\{x^2 + y^2 \leqq x\} \quad (= \{(x,y);\ x^2 + y^2 \leqq x\}) \tag{2.21}$$

問 2 つぎの積分値を求めよ．

(1) $\displaystyle\iint_D x^2 dxdy, \quad D = \{x + y \leqq 1,\ x \geqq 0,\ y \geqq 0\}$

(2) $\displaystyle\iint_D (2x + 3y)dxdy, \quad D = \{x^2 \leqq y \leqq 2 + x\}$

(3) $\displaystyle\iint_D x^2 y^2 dxdy, \quad D = \{|x| + |y| \leqq 1\}$

例 5 （積分順序の変更） つぎの累次積分を求める $(a > 0)$．

$$I = \int_0^a dx \int_x^a \exp(-t^2)dt$$

原始関数 $\displaystyle\int \exp(-t^2)dt$ は求まらないので，積分の順序を変えてみる．定理 2.6 により，I は xt 平面上の区域（右図）での重積分を累次化したものとみなせるので，(2.20) により

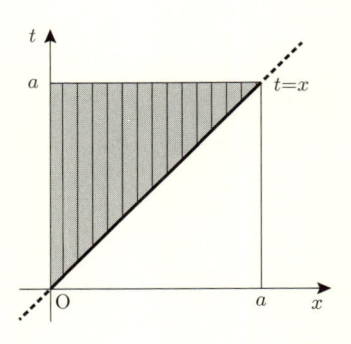

$$I = \int_0^a dt \int_0^t \exp(-t^2)dx = \int_0^a t\exp(-t^2)dt = \frac{1}{2}\int_0^{a^2} e^{-u}du = \frac{1-e^{-a^2}}{2}$$

問 3 つぎの積分の順序を変えよ．

(1) $\displaystyle\int_0^1 dx \int_x^{\sqrt{x}} f(x,y)dy$

(2) $\displaystyle\int_a^x dy \int_a^y f(y,t)dt$

(3) $\displaystyle\int_1^2 dx \int_{x-1}^{x+1} f(x,y)dy$

【練習問題 2.2】

1. 積分値を求めよ．

(1) $\displaystyle\iint_D \frac{y}{\sqrt{1-x^2}}dxdy, \quad D=\left[0,\frac{1}{2}\right]\times[0,1]$

(2) $\displaystyle\iint_D xydxdy, \quad D=\{(x-1)^2+y^2 \leqq 1,\ y\geqq 0\}$

(3) $\displaystyle\iint_D \log\frac{x}{y^2}dxdy, \quad D=\{1\leqq y\leqq x \leqq 2\}$

(4) $\displaystyle\iint_D e^{-x^2}dxdy, \quad D=\{0\leqq y\leqq x\leqq 1\}$

(5) $\displaystyle\iint_D y^n dxdy \quad (n=1,2,\cdots),\quad D=\{|x|+|y|\leqq 1\}$

2. 積分の順序を変えることにより，つぎの累次積分の値を求めよ．

(1) $\displaystyle\int_0^a dx \int_0^{\sqrt{a^2-x^2}} x\sqrt{x^2+y^2}dy \quad (a>0)$

(2) $\displaystyle\int_1^e dx \int_0^{\log x} \frac{1+y}{x}dy$

(3) $\displaystyle\int_0^1 \left(t\int_0^{t^2} \cos(1-x)^2 dx\right)dt$

§2.3 変数変換

重積分 $\iint_D f(x,y)dxdy$ において，変数 x, y が

$$x = \varphi(u,v), \quad y = \psi(u,v) \tag{2.22}$$

のように他の変数 u, v に従属する場合，u, v に関する重積分に変えることができる．(2.22) は，(u,v) を (x,y) に対応させる写像 ($=T$) であると考え，点 (x,y) が D に属するような (u,v) の変域を E とおく．写像 $T: E \to D$ は C^1 級写像（φ, ψ 共に C^1 級関数）であると仮定し，T の **Jacobian** をつぎのようにおく．

$$\frac{\partial(x,y)}{\partial(u,v)}(u,v) = \det \begin{pmatrix} \varphi_u(u,v) & \varphi_v(u,v) \\ \psi_u(u,v) & \psi_v(u,v) \end{pmatrix} \quad (= J(u,v)) \tag{2.23}$$

D は面積確定，f は有界な連続関数と仮定する．

定理 2.7（変数変換） $x = \varphi(u,v), y = \psi(u,v)$ による写像が E から D の上への 1 対 1 写像であり，かつ $J(u,v) \neq 0$ であれば，つぎがなりたつ．

$$\iint_D f(x,y)dxdy = \iint_E f(\varphi(u,v), \psi(u,v)) \left| \frac{\partial(x,y)}{\partial(u,v)}(u,v) \right| dudv \tag{2.24}$$

証明の方針 E が長方形である場合を説明する．E を小長方形 $E_1, E_2, \cdots, E_n$ に分割する．T による E_i の像を $D_i = T(E_i)$ とおくと，D_i は面積確定かつ弧状連結である．

D_i, E_i の面積の関係は，(u,v) を E_i の点とするとつぎのようになる．

$$\mu(D_i) \fallingdotseq |J(u,v)| \mu(E_i)$$

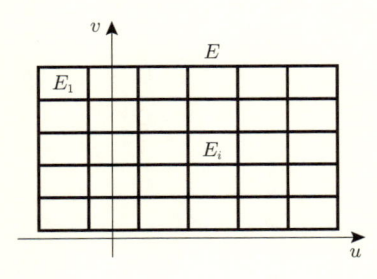

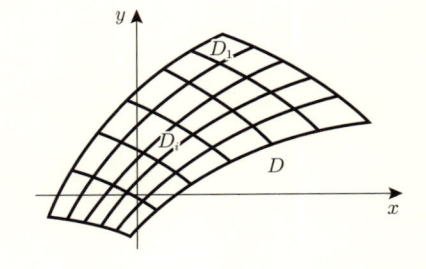

この近似は E_i が小さいほどよい．一方で (2.12) からある点 $(\xi, \eta) \in D_i$ により

$$\iint_{D_i} f dx dy = f(\xi, \eta) \mu(D_i)$$

と表せる．E_i の点 (u, v) を $(\xi, \eta) = T(u, v)$ であるように定めると

$$\iint_{D_i} f dx dy \fallingdotseq f(T(u, v))|J(u, v)|\mu(E_i)$$

$$= f(\varphi(u, v), \psi(u, v))|J(u, v)|\mu(E_i)$$

E_i の点 (u, v) を (u_i, v_i) で表し，これらの和をとり

$$\iint_D f dx dy = \sum_{i=1}^n \iint_{D_i} f dx dy \fallingdotseq \sum_{i=1}^n f(\varphi(u_i, v_i), \psi(u_i, v_i))|J(u_i, v_i)|\mu(E_i)$$

E の分割を細かくしていくと右辺は左辺の積分値に近づき，(2.24) となる．E が長方形でない場合は，長方形のとき (2.24) がなりたつことを利用し，近似の操作で導くことになる． □

注 定理 2.7 での仮定「1 対 1」をゆるめて「面積 0 の集合以外で 1 対 1」としてもよい．さらに Jacobian が 0 になる点の集合 $\{(u, v); J(u, v) = 0\}$ が面積確定であれば「$J(u, v) \neq 0$」なる仮定も不要である．

例 6 つぎの積分値 I を求める．

$$I = \iint_D \frac{(x-y)^2}{x+y} dx dy$$

$D = \{1 \leqq x + y \leqq 2, \; -1 \leqq x - y \leqq 1\}$

つぎのように変数変換する．$x + y = u$, $x - y = v$ とおくと

$$x = \frac{u+v}{2}, \; y = \frac{u-v}{2}$$

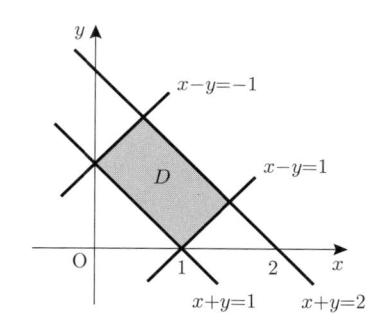

である．D に対応する (u, v) の変域は長方形

$$E = \{1 \leqq u \leqq 2, \; -1 \leqq v \leqq 1\} = [1, 2] \times [-1, 1]$$

となる．Jacobian は

であり，対応 $(u,v) \to (x,y)$ は 1 対 1 の線形写像である．定理 2.7 および (2.16) により

$$I = \iint_E \frac{v^2}{u} \frac{1}{2} dudv = \frac{1}{2} \left(\int_{-1}^1 v^2 dv \right) \left(\int_1^2 \frac{1}{u} du \right) = \frac{1}{3} \log 2$$

$$\frac{\partial(x,y)}{\partial(u,v)}(u,v) = \det \begin{pmatrix} \frac{1}{2} & \frac{1}{2} \\ \frac{1}{2} & \frac{-1}{2} \end{pmatrix} = \frac{-1}{2} \neq 0$$

問 4 $\iint_D xy dx dy$, $D = \{0 \leqq y - x \leqq 1,\ 0 \leqq x + y \leqq 1\}$ を変数変換して求めよ．

つぎに，円板の区域 $D = \{x^2 + y^2 \leqq 1\}$ で**極座標への変換**

$$x = r\cos\theta, \quad y = r\sin\theta$$

を考える．$D_0 = \{0 < x^2 + y^2 \leqq 1\}$ とおくと，1 対 1 で対応する (r,θ) の変域として

$$E_0 = \{(r,\theta);\ 0 < r \leqq 1,\ 0 \leqq \theta < 2\pi\} = (0,1] \times [0, 2\pi)$$

なる長方形をとることができる．

Jacobian は

$$\frac{\partial(x,y)}{\partial(r,\theta)}(r,\theta) = \det \begin{pmatrix} \cos\theta & -r\sin\theta \\ \sin\theta & r\cos\theta \end{pmatrix} = r > 0$$

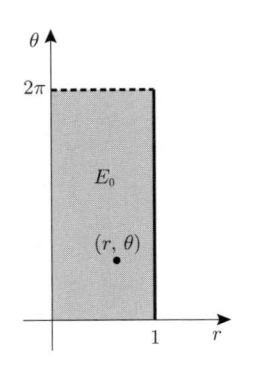

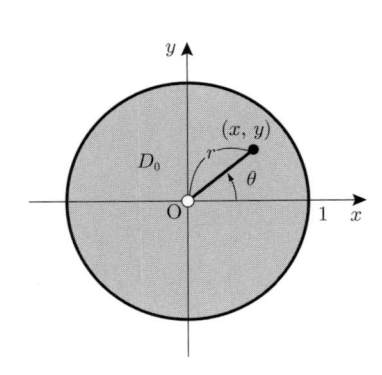

であるから，f が D で連続とすると定理 2.7 により
$$\iint_{D_0} f(x,y)dxdy = \iint_{E_0} f(r\cos\theta, r\sin\theta)rdrd\theta$$
さらに，例 6 の前の注により D_0, E_0 の境界まで含めてよいので，つぎがなりたつ．
$$\iint_D f(x,y)dxdy = \iint_E f(r\cos\theta, r\sin\theta)rdrd\theta, \quad E = [0,1] \times [0, 2\pi]$$
つぎの系は，このように拡張した意味で利用してよい．

系 極座標への変換
$$x = r\cos\theta, \quad y = r\sin\theta$$
において，(x,y) の変域 D に対する (r,θ) の変域を E とおくと
$$\iint_D f(x,y)dxdy = \iint_E f(r\cos\theta, r\sin\theta)rdrd\theta \tag{2.25}$$

例 7 つぎの積分値を求める．
$$I = \iint_D \sqrt{1-x^2-y^2}\,dxdy, \quad D = \{x^2+y^2 \leqq x\}$$
極座標に変換する．D は下の図の円板であり，上の系により (r,θ) の変域はつぎのような縦線形としてよい．

$E = \{(r,\theta);\ -\dfrac{\pi}{2} \leqq \theta \leqq \dfrac{\pi}{2},\ 0 \leqq r \leqq \cos\theta\}$

x 軸に関し対称であることおよび累次化により
$$I = \iint_E \sqrt{1-r^2}\,rdrd\theta$$
$$= 2\int_0^{\pi/2} d\theta \int_0^{\cos\theta} \sqrt{1-r^2}\,rdr$$

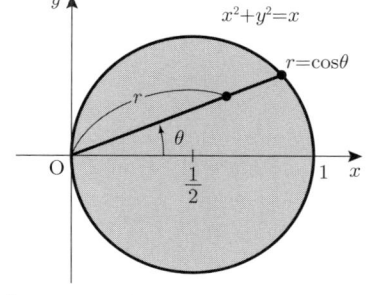

ここで $\displaystyle\int \sqrt{1-r^2}\,rdr = -\dfrac{1}{3}(1-r^2)^{3/2}$ であるので，(1.26) により
$$I = -\dfrac{2}{3}\int_0^{\pi/2}(\sin^3\theta - 1)d\theta = -\dfrac{2}{3}\left(\dfrac{2!!}{3!!} - \dfrac{\pi}{2}\right) = \dfrac{3\pi-4}{9}$$

問 5 つぎを求めよ．

(1) $\iint_D \exp(-x^2 - y^2)dxdy, \quad D = \{x^2 + y^2 \leqq a^2\} \quad (a > 0)$

(2) $\iint_D (x+y)dxdy, \quad D = \{x^2 + y^2 \leqq 2x\}$

【練習問題 2.3】

1. つぎの積分値を求めよ．

(1) $\iint_D y\,dxdy, \quad D = \{0 \leqq y - 2x \leqq 1, \ 0 \leqq x + y \leqq 1\}$

(2) $\iint_D \exp(x-y)\sin(x+y)dxdy, \ D = \{0 \leqq x-y \leqq 2, 0 \leqq x+y \leqq \pi\}$

(3) $\iint_D (x^2 + y^2)dxdy, \quad D = \left\{\dfrac{x^2}{a^2} + \dfrac{y^2}{b^2} \leqq 1\right\} \quad (a > 0, \ b > 0)$

(4) $\iint_D \arctan\dfrac{y}{x}dxdy, \quad D = \{x^2 + y^2 \leqq a^2, \ x > 0, \ y > 0\} \quad (a > 0)$

(5) $\iint_D \dfrac{1}{x^2 + y^2 + c^2}dxdy, \quad D = \{x^2 + y^2 \leqq 1\} \quad (c > 0)$

(6) $\iint_D \sqrt{x}\,y\,dxdy, \quad D = \{x^2 + y^2 \leqq a^2, \ 0 \leqq x \leqq y\}$

2. (1) $n, m = 0, 1, 2, \cdots$ とする．つぎの左辺を $x = r\cos^4\theta, y = r\sin^4\theta$ で変数変換し，§1.4 の問 14 (2) により右辺を導け．

$$\iint_{\sqrt{x}+\sqrt{y}\leqq 1} \sqrt{x^n y^m}\,dxdy = \dfrac{4}{n+m+4}B(n+2, m+2)$$

(2) 等式 (1.39) を利用して (1) の積分値を求めよ．

3. 写像を $T(x, y) = (ax + by + f, cx + dy + g)$ により定義し，集合 D の像を $T(D)$ とする．すべての面積確定な D に対し $\mu(T(D)) = \mu(D)$ となるための $a, \cdots, g$ に関する条件を求めよ．

§2.4 広義重積分

1変数の場合と同様に，2変数の非有界関数や非有界な区域での積分を**広義重積分**という．たとえば

$$\iint_{0 \leq y < x \leq 1} \frac{1}{\sqrt{x-y}} dxdy, \quad \iint_{\mathbf{R}^2} \exp(-x^2-y^2) dxdy$$

積分の区域 D は簡単な図形とする（正確には，任意の長方形 K と D の共通部分 $K \cap D$ が面積確定）．D における集合の列 $\{A_n\}_{n=1,2,\cdots}$ は，次の3条件をみたすとき**近似増加列**と呼ばれる．

(i) $A_n \subset A_{n+1} \subset D$.
(ii) A_n は面積確定な有界閉集合である．
(iii) D に含まれる任意の有界閉集合 K に対し $K \subset A_n$ となる A_n がある．

近似増加列は通常何通りでもあり得る．D のどの近似増加列 $\{A_n\}$ についても

$$\lim_{n \to \infty} \iint_{A_n} f(x,y) dxdy$$

が存在し，$\{A_n\}$ によらず一定値である場合，その値を

$$\iint_D f(x,y) dxdy \tag{2.26}$$

で表す．このとき広義重積分は収束するという．∞ に発散するなどの場合も同様に定義する．被積分関数が定符号のときは，つぎのように簡単である．その証明は「§2.7 補足II」にある．

定理 2.8 関数 $f(x,y)$ は D 上で連続とする．f が定符号のときは，D の一つの近似増加列 $\{A_n\}$ に対する極限

$$\lim_{n \to \infty} \iint_{A_n} f(x,y) dxdy$$

により広義重積分 (2.26) は定まる（発散の場合を含む）．

例 8 つぎの広義重積分を求める．

$$\iint_D \frac{dxdy}{\sqrt{x^2+y^2}}, \quad D = \{0 < x^2 + y^2 \leq 1\}$$

被積分関数は正値である．定理 2.8 を使うため近似増加列を一つ定める．$n = 1, 2, 3, \cdots$ とし
$$A_n = \{\frac{1}{n^2} \leq x^2 + y^2 \leq 1\}$$
とおくと，(i)〜(iii) をみたし D の近似増加列になる．極座標に変換し

$$\iint_{A_n} \frac{dxdy}{\sqrt{x^2+y^2}} = \int_0^{2\pi} d\theta \int_{1/n}^1 \frac{1}{\sqrt{r^2}} r dr$$
$$= 2\pi(1 - \frac{1}{n}) \qquad (2.27)$$

$n \to \infty$ とし
$$\iint_D \frac{dxdy}{\sqrt{x^2+y^2}} = 2\pi$$

注 1 上の例は，つぎのようにも行える．$\varepsilon \to 0 + 0$ のとき
$$\iint_{\varepsilon^2 \leq x^2+y^2 \leq 1} \frac{dxdy}{\sqrt{x^2+y^2}} = \int_0^{2\pi} d\theta \int_\varepsilon^1 \frac{1}{\sqrt{r^2}} r dr = 2\pi(1-\varepsilon) \to 2\pi$$

特別な場合 $\left(\varepsilon = \dfrac{1}{n}\right)$ として (2.27) の極限値を得る．

注 2 (2.27) で $n \to \infty$ とすると，つぎがなりたつ．
$$\iint_D \frac{dxdy}{\sqrt{x^2+y^2}} = \iint_E \frac{1}{\sqrt{r^2}} r dr d\theta, \quad E = (0, 1] \times [0, 2\pi] \qquad (2.28)$$

この等式は，直接に変数変換を施したものと同じになる．この例に限らず，一般に広義積分でも変数変換を行ってよい．

問 6 つぎの積分が収束する p の範囲および積分値を求めよ．
$$\iint_D \frac{1}{(x^2+y^2)^p} dxdy, \quad D = \{0 < x^2 + y^2 \leq 1\}$$

例 9 $p < 1$ としてつぎを求める．
$$\iint_D \frac{1}{(x-y)^p} dxdy, \quad D = \{0 \leq y < x \leq 1\}$$

積分区域は右図の三角形であり，被積分関数 $f(x,y) = \dfrac{1}{(x-y)^p}$ は D で正値である．定理 2.8 および注 1 に従い，$0 < \varepsilon < 1$ として

$$\lim_{\varepsilon \to 0} \iint_{D_\varepsilon} f(x,y) dx dy,$$

$$D_\varepsilon = \{0 \leqq y \leqq x - \varepsilon \leqq 1 - \varepsilon\}$$

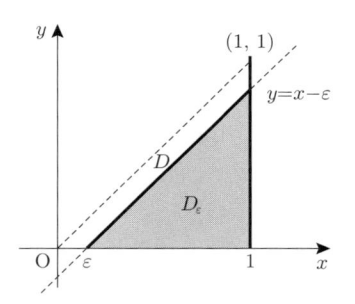

を求めればよい．D_ε での積分を累次化すると

$$\int_\varepsilon^1 dx \int_0^{x-\varepsilon} f(x,y) dy = \frac{1}{p-1}\{\varepsilon^{1-p}(1-\varepsilon) - \frac{1}{2-p}(1-\varepsilon^{2-p})\}$$

$p < 1$ より，$\varepsilon \to 0$ のとき

$$\iint_D f(x,y) dx dy = \lim_{\varepsilon \to 0} \iint_{D_\varepsilon} f(x,y) dx dy = \frac{1}{(1-p)(2-p)}$$

問 7 $D = \{x \geqq 0, \ y \geqq 0\}$ とする．$\displaystyle\iint_D \frac{dxdy}{(x+y+1)^2}$ を求めよ．

つぎのように被積分関数が分離しているとき，第 1 象限の内部で積分することを考える．

$$\iint_D h(x)g(y) dx dy, \quad D = \{x > 0, \ y > 0\} = (0,\infty) \times (0,\infty)$$

h, g 共に正値であれば，∞ に発散する場合も含めて，つぎがなりたつ．

$$\iint_D h(x)g(y) dx dy = \left(\int_0^\infty h(x) dx\right)\left(\int_0^\infty g(y) dy\right) \tag{2.29}$$

これは，$t > 1$ として

$$D_t = \left\{\frac{1}{t} \leqq x \leqq t, \ \frac{1}{t} \leqq y \leqq t\right\}$$

を考え，$t \to \infty$ とすれば，つぎがなりたつからである．

$$\iint_{D_t} h(x)g(y) dx dy = \int_{1/t}^t h(x) dx \int_{1/t}^t g(y) dy \to \int_0^\infty h(x) dx \int_0^\infty g(y) dy$$

積分区域が帯状の区域

$$\{x > 0,\ 1 > y > 0\} = (0, \infty) \times (0, 1)$$

でも同様である．いくつかの場合をまとめて，つぎのように表すことにする．

定理 2.9 実数の区間を I, J とし，関数 h は I で，g は J で連続とする．h, g が定符号ならば

$$\iint_{I \times J} h(x)g(y)dxdy = \left(\int_I h(x)dx\right)\left(\int_J g(y)dy\right) \tag{2.30}$$

問 8 積分値 $\displaystyle\iint_{\mathbf{R}^2} \frac{dxdy}{x^2y^2 + x^2 + y^2 + 1}$ を求めよ．

例 10 $I = \displaystyle\int_0^\infty e^{-x^2}dx$ の値が $\dfrac{\sqrt{\pi}}{2}$ であることは，§1.6 の IV で Wallis の公式から導いたが，つぎのほうが見通しはよい．

$$f(x,y) = e^{-x^2-y^2}, \quad D = \{x \geqq 0,\ y \geqq 0\} = [0,\infty) \times [0,\infty)$$

とおく．$f(x,y)$ は分離できるので，定理 2.9 により

$$\iint_D f(x,y)dxdy = \left(\int_0^\infty e^{-x^2}dx\right)\left(\int_0^\infty e^{-y^2}dy\right) = I^2$$

である．一方，先の注 2 (2.28) のように極座標に変換する．

$$E = \{r \geqq 0,\ 0 \leqq \theta \leqq \frac{\pi}{2}\} = [0,\infty) \times [0, \frac{\pi}{2}]$$

とおくと，定理 2.9 から

$$\iint_D f(x,y)dxdy = \iint_E e^{-r^2} r dr d\theta = \left(\int_0^{\pi/2} d\theta\right)\left(\int_0^\infty e^{-r^2} r dr\right) = \frac{\pi}{4}$$

以上よりつぎを得る．

$$I^2 = \iint_D f(x,y)dxdy = \frac{\pi}{4}, \quad I = \frac{\sqrt{\pi}}{2}\ (>0)$$

【練習問題 2.4】

1. つぎの積分値を求めよ．

   (1) $\displaystyle\iint_D (1-x^2-y^2)^{-\alpha/2}dxdy \quad (0<\alpha<2), \quad D=\{x^2+y^2<1\}$

   (2) $\displaystyle\iint_D e^{-px^2-qy^2}dxdy \quad (p,q>0), \quad D=[0,\infty)\times[0,\infty)$

   (3) $\displaystyle\iint_D \log(x^2+y^2)dxdy, \quad D=\{0<x\leqq y\leqq\sqrt{1-x^2}\}$

   (4) $\displaystyle\iint_{\boldsymbol{R}^2} x^2 e^{-(x^2+y^2)}dxdy$

   (5) $\displaystyle\iint_{\boldsymbol{R}^2} y e^{-(x^2+y^2)}dxdy$

   (6) $\displaystyle\iint_D \sqrt{\frac{y}{x}}dxdy, \quad D=\{x+y\leqq 1,\ x>0,\ y\geqq 0\}$

2. 広義積分 $\displaystyle\iint_{\boldsymbol{R}^2}(1+x^2+y^2)^{-\beta/2}dxdy$ が収束する β の範囲を求め，そのときの積分値を求めよ．

3. $a,b>0$ とし，$f(t)$ は $[0,\infty)$ 上の非負値連続関数としてつぎを示せ．
$$\iint_{x,y\geqq 0} f(ax^2+by^2)dxdy = \frac{\pi}{4\sqrt{ab}}\int_0^\infty f(t)dt$$

4. $q(x,y)=ax^2+2bxy+cy^2$ において $a>0,\ ac-b^2>0$ とする．
$$q(x,y)=a\left(x+\frac{b}{a}y\right)^2+\frac{ac-b^2}{a}y^2$$
を利用してつぎを確かめよ．

   (1) $\{q(x,y)\leqq 1\}$ の面積 $=\dfrac{\pi}{\sqrt{ac-b^2}}$

   (2) $\displaystyle\iint_{\boldsymbol{R}^2}\exp(-q(x,y))dxdy=\dfrac{\pi}{\sqrt{ac-b^2}}$

§2.5 多重積分

n 重積分 $(n \geqq 3)$ も 2 重積分と同様に定義されるが，累次化などは少し複雑になる．以下，応用上重要な 3 重積分について，概略を述べる．

はじめに直方体

$$K = \{(x,y,z) \in \mathbf{R}^3 ;\ a_1 \leqq x \leqq b_1,\ a_2 \leqq y \leqq b_2,\ a_3 \leqq z \leqq b_3\}$$

で定義された関数 $f(x,y,z)$ の（3 重）積分を考える．2 重積分の場合とほぼ同様である．以後，この直方体を

$$K = [a_1, b_1] \times [a_2, b_2] \times [a_3, b_3]$$

のように表す．三つの区間 $[a_1, b_1]$, $[a_2, b_2]$, $[a_3, b_3]$ をそれぞれ，p, q, r 個の区間に分割すると，K は pqr 個の直方体に分割される．この分割を

$$\Delta : \begin{array}{l} a_1 = x_0 < x_1 < \cdots < x_p = b_1 \\ a_2 = y_0 < y_1 < \cdots < y_q = b_2 \\ a_3 = z_0 < z_1 < \cdots < z_r = b_3 \end{array}$$

のように表す．また，この分割によってできた pqr 個の直方体を

$K_{ijk} = [x_{i-1}, x_i] \times [y_{j-1}, y_j] \times [z_{k-1}, z_k]$ $(i = 1, \cdots, p,\ j = 1, \cdots, q,\ k = 1, \cdots, r)$, pqr 個の K_{ijk} の辺の長さの最大値を $\|\Delta\|$，K, K_{ijk} の体積をそれぞれ $\mu(K)$, $\mu(K_{ijk})$ と表す．

つぎに，各 K_{ijk} から任意に 1 点 P_{ijk} をとり，**Riemann 和**

$$\sum_{i=1}^{p} \sum_{j=1}^{q} \sum_{k=1}^{r} f(P_{ijk}) \mu(K_{ijk})$$

を作る．$\|\Delta\| \to 0$ のとき，この Riemann 和が一定値 α に近づくならば f は K で**積分可能**であるという．また，一定値 α を f の K 上の（**3 重**）**積分**といい

$$\iiint_K f(x,y,z) dx dy dz, \qquad \int_K f d\mu$$

などと表す．3 重積分の計算も 2 重積分と同様に累次化して計算するのが普通だが，累次化の仕方が 2 通り考えられる．

定理 2.10（累次化） $f(x,y,z)$ が直方体 $K = [a_1, b_1] \times [a_2, b_2] \times [a_3, b_3]$

で連続ならば f は K で積分可能である．さらに

(i) 各 $(x,y) \in K_1 = [a_1,b_1] \times [a_2,b_2]$ を固定したとき，$f(x,y,z)$ は z について $[a_3,b_3]$ で積分可能で

$$\iiint_K f(x,y,z)dxdydz = \iint_{K_1} \left(\int_{a_3}^{b_3} f(x,y,z)dz \right) dxdy \tag{2.31}$$

がなりたつ．

(ii) 各 $x \in [a_1,b_1]$ を固定したとき，$f(x,y,z)$ は (y,z) について $K_2 = [a_2,b_2] \times [a_3,b_3]$ で（2重）積分可能で

$$\iiint_K f(x,y,z)dxdydz = \int_{a_1}^{b_1} \left(\iint_{K_2} f(x,y,z)dydz \right) dx \tag{2.32}$$

がなりたつ．

(iii) とくに $f_1(x), f_2(y), f_3(z)$ がそれぞれ $[a_1,b_1], [a_2,b_2], [a_3,b_3]$ で連続ならば

$$\iiint_K f_1(x)f_2(y)f_3(z)dxdydz$$
$$= \left(\int_{a_1}^{b_1} f_1(x)dx \right) \left(\int_{a_2}^{b_2} f_2(y)dy \right) \left(\int_{a_3}^{b_3} f_3(z)dz \right) \tag{2.33}$$

がなりたつ．

注 (2.31), (2.32) の右辺をそれぞれ

$$\iint_{K_1} dxdy \int_{a_3}^{b_3} f(x,y,z)dz, \quad \int_{a_1}^{b_1} dx \iint_{K_2} f(x,y,z)dydz$$

と書くことがある．また，定理 2.10 で (x,y,z) を (y,z,x) あるいは (z,x,y) におきかえても同様である．

例 11 $I = \iiint_K \dfrac{1}{(1+x+y+z)^2} dxdydz$, $K = [0,1] \times [0,1] \times [0,1]$ の

値を求める. (2.31) を使うと
$$I = \iint_{[0,1]\times[0,1]} dxdy \int_0^1 (1+x+y+z)^{-2} dz$$
$$\int_0^1 (1+x+y+z)^{-2} dz = \left[\frac{-1}{1+x+y+z}\right]_{z=0}^{z=1} = \frac{-1}{2+x+y} + \frac{1}{1+x+y}$$
したがって
$$I_a = \iint_{[0,1]\times[0,1]} \frac{1}{a+x+y} dxdy$$
とおくと, $I = I_1 - I_2$.
$$I_a = \int_0^1 dx \int_0^1 \frac{1}{a+x+y} dy = \int_0^1 [\log(a+x+y)]_{y=0}^{y=1} dx$$
$$= \int_0^1 \log(a+1+x)dx - \int_0^1 \log(a+x)dx$$
$$= \int_{a+1}^{a+2} \log t\, dt - \int_a^{a+1} \log t\, dt = [t\log t - t]_{a+1}^{a+2} - [t\log t - t]_a^{a+1}$$
$$= (a+2)\log(a+2) - 2(a+1)\log(a+1) + a\log a$$
$$\therefore \quad I = (3\log 3 - 4\log 2) - (4\log 4 - 6\log 3 + 2\log 2)$$
$$= 9\log 3 - 14\log 2$$

つぎに, 有界な集合 $D \subset \mathbf{R}^3$ で定義された関数 $f(x,y,z)$ の 3 重積分を考える.(D が有界とは, D がある直方体に含まれることである.) 2 重積分の場合と同様に
$$f_D(x,y,z) = \begin{cases} f(x,y,z) & (x,y,z) \in D \\ 0 & (x,y,z) \in \mathbf{R}^3 \setminus D \end{cases}$$
とおく.

定義　D を含む直方体 K を一つとる. このとき, f_D が K で積分可能ならば, f は D で**積分可能**であるという. また, f_D の K 上の (**3重**) **積分**を f の D 上の (3重) 積分といい
$$\iiint_D f(x,y,z) dxdydz, \quad \int_D f d\mu$$

などと表す.とくに,定数関数 $f(x,y,z) = 1$ が D で積分可能なとき D は**体積をもつ**(または**体積確定**である)といい,D の**体積** $\mu(D)$ を

$$\mu(D) = \iiint_D 1 dx dy dz \tag{2.34}$$

と定義する.(右辺を $\iiint_D dx dy dz$ と書くことがある.)

注 2重積分に関する定理2.2,定理2.4,系1および性質(i)〜(v)は長方形,面積をそれぞれ直方体,体積におきかえればそのままの形でなりたつ.とくにつぎがなりたつ.

定理 2.11 $f(x,y,z)$ が体積をもつ集合 D で連続かつ有界ならば f は D で積分可能である.

一般の区域上の3重積分の累次化を考えるためには,定理2.10を定理2.5と同様な形に一般化しておく必要がある.

定理 2.12(累次化) $f(x,y,z)$ は直方体 $K = [a_1, b_1] \times [a_2, b_2] \times [a_3, b_3]$ で積分可能とする.

 (i) 各 $(x,y) \in K_1 = [a_1, b_1] \times [a_2, b_2]$ を固定したとき,$f(x,y,z)$ が z について $[a_3, b_3]$ で積分可能ならば (2.31) がなりたつ.

 (ii) 各 $x \in [a_1, b_1]$ を固定したとき,$f(x,y,z)$ が (y,z) について $K_2 = [a_2, b_2] \times [a_3, b_3]$ で(2重)積分可能ならば (2.32) がなりたつ.

つぎに,2重積分の累次化についての定理2.6がどのように変わるかを考える.D が

$$D = \{(x,y,z) \in \mathbf{R}^3 ; (x,y) \in D_0, \ g_1(x,y) \leqq z \leqq g_2(x,y)\},$$

$$g_1(x,y) \leqq g_2(x,y) \tag{2.35}$$

の形で,$D_0 \, (\subset \mathbf{R}^2)$ は面積をもつ有界閉集合(たとえば D_0 が縦線形)かつ $g_1(x,y), g_2(x,y)$ が D_0 で連続なとき,D を(3次元の)**縦線形**という.

定理 2.13 D が (2.35) の形の縦線形かつ $f(x,y,z)$ が D で連続ならば積分可能で

$$\iiint_D f(x,y,z) dx dy dz = \iint_{D_0} \left(\int_{g_1(x,y)}^{g_2(x,y)} f(x,y,z) dz \right) dx dy \tag{2.36}$$

がなりたつ．とくに，D は体積確定で

$$\mu(D) = \iiint_D 1 dxdydz = \iint_{D_0}\{g_2(x,y) - g_1(x,y)\}dxdy \qquad (2.37)$$

がなりたつ．

証明の方針 定理 2.3 の系と同様に，D は体積をもつ有界閉集合であり，f は D で連続だから有界である．したがって，定理 2.11 により f は D で積分可能である．すなわち，f_D は D を含む任意の直方体 K で積分可能である．いま，K としてつぎのような直方体を考える：D_0 を含む長方形 $[a_1, b_1] \times [a_2, b_2]$ を一つとる．また，D_0 における g_1 の最小値を a_3，g_2 の最大値を b_3 として $K = [a_1, b_1] \times [a_2, b_2] \times [a_3, b_3]$ とおくと $D \subset K$ がなりたつ．

つぎに，各 $(x,y) \in [a_1, b_1] \times [a_2, b_2]$ を固定すると，$f_D(x,y,z)$ は z について $[a_3, b_3]$ で高々 2 点 $(z = g_1(x,y), \ z = g_2(x,y))$ を除いて連続かつ有界だから，$[a_3, b_3]$ で積分可能である．よって，定理 2.12 (i) により (2.31) が f_D についてなりたつ．これを f を使って書き直せば (2.36) が得られる． $\square$

注 (2.36) の右辺を

$$\iint_{D_0} dxdy \int_{g_1(x,y)}^{g_2(x,y)} f(x,y,z)dz$$

と書くことがある．また，定理 2.13 で，(x,y,z) を (y,z,x) または (z,x,y) におきかえても同様である．

例 12 $I = \iiint_D zdxdydz$，$D = \{x+y+z \leqq 1, \ x,y,z \geqq 0\}$ の値を求める．$D_0 = \{(x,y) \in \boldsymbol{R}^2; \ 0 \leqq x \leqq 1, \ 0 \leqq y \leqq 1-x\}$ とおくと

$$D = \{(x,y,z) \in \boldsymbol{R}^3; \ (x,y) \in D_0, \ 0 \leqq z \leqq 1-x-y\}$$

と表せるから，$g_1(x,y) = 0$，$g_2(x,y) = 1-x-y$ とおくと，D は (2.35) の形の縦線形である．したがって (2.36) により

$$I = \iint_{D_0} \left(\int_0^{1-x-y} zdz\right)dxdy$$

となる．さらに

$$\int_0^{1-x-y} z\,dz = \left[\frac{1}{2}z^2\right]_{z=0}^{z=1-x-y} = \frac{1}{2}(1-x-y)^2$$

$$\therefore\quad I = \frac{1}{2}\iint_{D_0}(1-x-y)^2\,dxdy$$

と2重積分に帰着される．

問 9 D は例 12 と同じとき，$I = \iiint_D xz\,dxdydz$ の値を求めよ．

注 直方体上の 3 重積分の累次化は (2.31)，(2.32) の 2 通り考えられたが，D が体積をもつ集合で (2.32) に対応するのは，たとえば，各 $x \in [a,b]$ に対して D の x による"切り口"が (y,z) 平面上の面積確定な集合となる場合である．

いま D は

$$D = \{(x,y,z) \in \mathbf{R}^3;\ a \leqq x \leqq b,\ (y,z) \in D_x\} \tag{2.38}$$

の形で，各 $x \in [a,b]$ を固定したとき D_x は (y,z) 平面の面積確定な有界集合とする．さらに D が体積確定な有界集合，$f(x,y,z)$ が D で連続かつ有界ならば定理 2.11 により（3 重）積分可能である．すなわち，f_D は D を含む直方体 $K = [a,b] \times [a_2,b_2] \times [a_3,b_3]$ で積分可能である．さらに，各 $x \in [a,b]$ を固定すると，$f_D(x,y,z)$ は (y,z) について長方形 $[a_2,b_2] \times [a_3,b_3]$ で積分可能である（D_x に定理 2.2 を適用し，つぎに定理 2.4 を使う）．ゆえに，f_D は定理 2.12 (ii) の仮定をみたすので (2.32) がなりたつ．f で表すと

$$\iiint_D f(x,y,z)\,dxdydz = \int_a^b \left(\iint_{D_x} f(x,y,z)\,dydz\right)dx \tag{2.39}$$

がなりたつ．(x,y,z) を (y,z,x) または (z,x,y) におきかえても同様．

例 13 例 12 の積分を (2.39) を使って計算する．

$$D = \{(x,y,z) \in \mathbf{R}^3;\ 0 \leqq x \leqq 1,\ (y,z) \in D_x\}$$

$$D_x = \{(y,z) \in \mathbf{R}^2;\ 0 \leqq y \leqq 1-x,\ 0 \leqq z \leqq 1-x-y\}$$

と表されるから，D は (2.38) の形であり，各 $x \in [a,b]$ を固定すると，D_x は

(y,z) 平面の縦線形である．また，例 12 と定理 2.13 により D が体積確定かつ f は D で積分可能である．したがって (2.39) により

$$I = \int_0^1 \left(\iint_{D_x} z\,dy\,dz \right) dx$$

がなりたつ．さらに，各 $x \in [0,1]$ を固定すると，(2.17) により

$$\iint_{D_x} z\,dy\,dz = \int_0^{1-x} \left(\int_0^{1-x-y} z\,dz \right) dy = \frac{1}{2} \int_0^{1-x} (1-x-y)^2 dy$$

$$= \frac{1}{2} \left[-\frac{1}{3}(1-x-y)^3 \right]_{y=0}^{y=1-x} = \frac{1}{6}(1-x)^3$$

$$\therefore \quad I = \frac{1}{6} \int_0^1 (1-x)^3 dx$$

と 1 変数の積分に帰着される．

例 14 $g(x)$ は $[a,b]$ で連続かつ $g(x) \geqq 0$ とする．$y = g(x)$ のグラフを x 軸のまわりに回転して得られる回転体を D とすると，D は体積をもつ．さらに $f(x,y,z)$ が D で連続ならば f は D で積分可能で

$$\iiint_D f(x,y,z)\,dx\,dy\,dz = \int_a^b dx \iint_{y^2+z^2 \leqq \{g(x)\}^2} f(x,y,z)\,dy\,dz \quad (2.40)$$

がなりたつ．とくに D の体積については

$$\mu(D) = \iiint_D dx\,dy\,dz = \pi \int_a^b \{g(x)\}^2 dx \quad (2.41)$$

がなりたつ．

解

$$D_0 = \{(x,y) \in \mathbf{R}^2;\ a \leqq x \leqq b,\ -g(x) \leqq y \leqq g(x)\}$$

$$g_1(x,y) = -\sqrt{\{g(x)\}^2 - y^2}, \quad g_2(x,y) = \sqrt{\{g(x)\}^2 - y^2}$$

とおくと，D は (2.35) の形の縦線形だから定理 2.13 により D は体積をもつ．さらに f が D で連続ならば積分可能である．次に (2.40) を示す．

$$D_x = \{(y,z) \in \mathbf{R}^2;\ y^2 + z^2 \leqq \{g(x)\}^2\}$$

とおくと D は (2.38) の形であり，各 $x \in [a,b]$ を固定すると D_x は (y,z) 平面上の面積確定な集合である（縦線形とみることができるから）．以上により (2.39)，すなわち (2.40) がなりたつ．最後に (2.41) を示すために，(2.40) で $f(x,y,z) = 1$ とおき，$x \in [a,b]$ を固定して $y = r\cos\theta$，$z = r\sin\theta$ $(0 \leqq \theta \leqq 2\pi)$ と極座標変換すると

$$\iint_{D_x} 1 dy dz = \iint_{0 \leqq r \leqq g(x), 0 \leqq \theta \leqq 2\pi} r dr d\theta = \left(\int_0^{2\pi} d\theta\right)\left(\int_0^{g(x)} r dr\right)$$
$$= 2\pi \left[\frac{1}{2}r^2\right]_{r=0}^{r=g(x)} = \pi\{g(x)\}^2$$

よって (2.41) がなりたつ． □

問 10 D が例 14 における回転体のとき $\iiint_D y^2 dx dy dz$ を計算せよ．

例 15 つぎの積分値を求める．

$$I = \iiint_D (|x| + y^2 z) dx dy dz, \quad D = \{\sqrt{x^2+y^2} \leqq z \leqq 1\}$$

D は直線 $x = g(z) = z$ $(0 \leqq z \leqq 1)$ を z 軸のまわりに回転して得られる回転体（直円錐）である．(2.40) と同様，切り口により

$$I = \int_0^1 dz \iint_{D_z} (|x| + y^2 z) dx dy, \quad D_z = \{x^2 + y^2 \leqq z^2\}$$

被積分関数は x について偶関数，D_z も y 軸に関し対称であるので

$$I = 2\int_0^1 dz \iint_{H_z} (x + y^2 z) dx dy, \quad H_z = \{x^2 + y^2 \leqq z^2,\ x \geq 0\}$$

中の 2 重積分は極座標に変換し

$$\iint_{H_z} (x + y^2 z) dx dy = \int_{-\pi/2}^{\pi/2} d\theta \int_0^z (r\cos\theta + zr^2\sin^2\theta) r dr$$
$$= \frac{2}{3}z^3 + \frac{\pi}{8}z^5$$

したがって

$$I = 2\int_0^1 \left(\frac{2}{3}z^3 + \frac{\pi}{8}z^5\right)dz = \frac{1}{3} + \frac{\pi}{24}$$

3重積分の変数変換も同様に行える．写像 $(x,y,z) = T(u,v,w)$ の Jacobian により，つぎのような形をとる．

$$\iiint_D f(x,y,z)dxdydz = \iiint_U f \circ T(u,v,w) \left|\frac{\partial(x,y,z)}{\partial(u,v,w)}\right| dudvdw \tag{2.42}$$

たとえば，よく利用される**空間の極座標**への変換を具体化しておく．

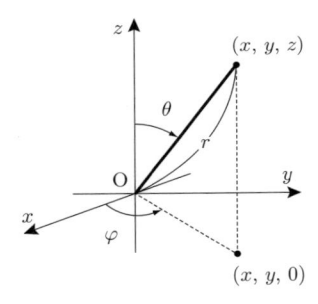

$$x = r\sin\theta\cos\varphi, \quad y = r\sin\theta\sin\varphi, \quad z = r\cos\theta \tag{2.43}$$

による写像 T の Jacobian は

$$\frac{\partial(x,y,z)}{\partial(r,\theta,\varphi)} = \det\begin{pmatrix} \sin\theta\cos\varphi & r\cos\theta\cos\varphi & -r\sin\theta\sin\varphi \\ \sin\theta\sin\varphi & r\cos\theta\sin\varphi & r\sin\theta\cos\varphi \\ \cos\theta & -r\sin\theta & 0 \end{pmatrix} = r^2\sin\theta \tag{2.44}$$

$0 \leqq \theta \leqq \pi$ とするので，$r^2\sin\theta \geqq 0$ よりつぎがなりたつ．

$$\iiint_D f(x,y,z)dxdydz = \iiint_U f \circ T(r,\theta,\varphi)r^2\sin\theta\, drd\theta d\varphi \tag{2.45}$$

とくに D が半径 a の球体

$$D = \{x^2 + y^2 + z^2 \leqq a^2\}$$

である場合，U としてつぎの直方体をとることができる．

$$U = \{(r,\theta,\varphi);\ 0 \leqq r \leqq a,\ 0 \leqq \theta \leqq \pi,\ 0 \leqq \varphi \leqq 2\pi\}$$

したがって，つぎがなりたつことになる．

定理 2.14 半径 $a\,(>0)$ の球体 D での積分を空間の極座標の累次積分で表すと

$$\iiint_D f(x,y,z)dxdydz = \int_0^{2\pi} d\varphi \int_0^{\pi} d\theta \int_0^a f \circ T(r,\theta,\varphi) r^2 \sin\theta\, dr \tag{2.46}$$

問 11 空間の極座標を使って，原点を中心とする半径 $a\,(>0)$ の球の体積を求めよ．

力学にでてくる積分で例示しながら 3 重積分を求めてみる．D をある物体とし，質量分布が密度関数 $\rho(x,y,z)$ で表されているものとする．D の占める区域も同じ記号 D で表す．このとき

$$\iiint_D \rho(x,y,z)dxdydz = \int_D \rho d\mu \quad (= M \text{ とおく}) \tag{2.47}$$

は物体 D の**質量**を表す．また，次の位置ベクトルで表される点は，D の**質量中心**とよばれる．

$$\frac{1}{M}\left(\int_D x\rho d\mu,\; \int_D y\rho d\mu,\; \int_D z\rho d\mu\right) \tag{2.48}$$

とくに $\rho = 1$ としたものを立体 D の**重心**とよぶことにする．

例 16 半楕円体を

$$D = \left\{\frac{x^2}{a^2} + \frac{y^2}{b^2} + \frac{z^2}{c^2} \leqq 1,\; z \geqq 0\right\} \quad (a,b,c > 0)$$

とし，その重心を求める．まず，質量 M を求めるのにつぎのような変数変換を行う．

$$x = au,\; y = bv,\; z = cw,\; \frac{\partial(x,y,z)}{\partial(u,v,w)} = abc$$

このとき D は，半球 $H = \{u^2 + v^2 + w^2 \leqq 1,\; w \geqq 0\}$ に対応する．

$$M = \iiint_D dxdydz = abc \iiint_H dudvdw$$

ここで, (2.46) を参照して空間の極座標に変換する. θ の変域に注意し

$$M = abc \int_0^{2\pi} d\varphi \int_0^{\pi/2} d\theta \int_0^1 r^2 \sin\theta \, dr = \frac{2\pi}{3} abc$$

つぎに, (2.48) の第 1, 2 成分は対称な区域上で奇関数を積分するから

$$\iiint_D x \, dxdydz = 0, \quad \iiint_D y \, dxdydz = 0$$

第 3 成分は, 上記と同様に H に変えてから空間の極座標に変換する.

$$\iiint_D z \, dxdydz = abc^2 \iiint_H w \, dudvdw$$
$$= abc^2 \int_0^{2\pi} d\varphi \int_0^{\pi/2} d\theta \int_0^1 r^3 \cos\theta \sin\theta \, dr = \frac{\pi}{4} abc^2$$

以上より求める重心の位置は

$$\frac{3}{2\pi abc} \left(0, 0, \frac{\pi}{4} abc^2\right) = \left(0, 0, \frac{3c}{8}\right)$$

剛体の回転運動を述べるとき, **慣性モーメント**という量が必要になる. 剛体 D と回転軸 l の位置関係で決まるもので, $r = r(x, y, z)$ を点 (x, y, z) と l との距離とすると, つぎの積分で表される量である.

$$I = \iiint_D r^2 \rho \, dxdydz \tag{2.49}$$

とくに回転軸を z 軸とする場合で, しかも $\rho = 1$ の場合はつぎのようになる.

$$I = \iiint_D (x^2 + y^2) dxdydz \tag{2.50}$$

問 12 例 16 の半楕円体の z 軸に関する慣性モーメントを求めよ ($\rho = 1$).

n 重積分の広義積分も, 2 重積分の場合に類似して定義され, その計算も同様に行える.

n 重積分の計算例として, **n 次元球の体積**をとりあげる.

定理 2.15 半径 $r(>0)$ の n 次元球 $\{x_1^2 + x_2^2 + \cdots + x_n^2 \leqq r^2\}$ の体積 $V_n(r)$ は

$$V_n(r) = \frac{\pi^{\frac{n}{2}}}{\frac{n}{2}\Gamma\left(\frac{n}{2}\right)} r^n \quad (n = 1, 2, \cdots) \tag{2.51}$$

証明 数学的帰納法で示す．$n=1$ のとき，左辺は実数の区間 $\{x_1^2 \leqq r^2\} = [-r, r]$ の長さのことであり，$V_1(r) = 2r$ である．一方，$\Gamma(1/2) = \sqrt{\pi}$ であるから，右辺も $2r$ となり (2.51) は正しい．

$n = m-1$ まで正しいとする．m 重積分を切り口の積分に直し

$$V_m(r) = \int \cdots \int_D dx_1 \cdots dx_m \quad D = \{x_1^2 + x_2^2 + \cdots + x_m^2 \leqq r^2\}$$

$$= \int_{-r}^{r} dx_1 \int \cdots \int_{D_{x_1}} dx_2 \cdots dx_m \quad D_{x_1} = \{x_2^2 + \cdots + x_m^2 \leqq r^2 - x_1^2\}$$

帰納法の仮定および $\Gamma(p+1) = p\Gamma(p)$ を使い

$$= \int_{-r}^{r} \frac{\pi^{(m-1)/2}}{\frac{m-1}{2}\Gamma\left(\frac{m-1}{2}\right)} \left(\sqrt{r^2 - x_1^2}\right)^{m-1} dx_1$$

$$= \frac{2\pi^{(m-1)/2}}{\Gamma\left(\frac{m+1}{2}\right)} r^m \int_0^{\pi/2} \cos^m \theta \, d\theta$$

ここで，§1.4 問 14 (2) および (1.39) により

$$\int_0^{\pi/2} \cos^m \theta \, d\theta = \frac{1}{2} B\left(\frac{1}{2}, \frac{m+1}{2}\right) = \frac{1}{2} \frac{\Gamma\left(\frac{1}{2}\right)\Gamma\left(\frac{m+1}{2}\right)}{\Gamma\left(\frac{m+2}{2}\right)}$$

であるので代入し

$$V_m(r) = \frac{\pi^{m/2}}{\Gamma\left(\frac{m+2}{2}\right)} r^m = \frac{\pi^{m/2}}{\frac{m}{2}\Gamma\left(\frac{m}{2}\right)} r^m$$

したがって，$n=m$ でも (2.51) は正しい． □

注 $\Gamma\left(\dfrac{n}{2}\right)$ の値は，§1.4 例 19 にあるようにすべて求まる．

問 13 上記の $V_4(r)$, $V_5(r)$ を具体的に表せ．

【練習問題 2.5】

1. つぎの積分値を求めよ．

   (1) $\iiint_D y\,dxdydz, \quad D = \{x^2 + y^2 + z^2 \leq 1,\ x \geq 0,\ y \geq 0,\ z \geq 0\}$

   (2) $\iiint_D z\,dxdydz, \quad D = \{0 \leq x \leq y^2,\ z \leq y \leq 2z,\ 0 \leq z \leq 1\}$

   (3) $\iiint_D z^2\,dxdydz, \quad D = \left\{\dfrac{x^2}{a^2} + \dfrac{y^2}{b^2} + \dfrac{z^2}{c^2} \leq 1\right\} \quad (a, b, c > 0)$

   (4) $\iiint_D (x + y^2 z)\,dxdydz, \quad D = \{0 \leq z \leq \sqrt{x^2 + y^2} \leq 1,\ x \geq 0\}$

2. $D = \{x^2 + y^2 + z^2 \geq 1\}$ のとき，つぎの広義積分を計算せよ．

   (1) $\iiint_D \dfrac{1}{(x^2 + y^2 + z^2)^2}\,dxdydz$

   (2) $\iiint_D \dfrac{1}{(x^2 + y^2 + z^2)^p}\,dxdydz$

3. $D = \{0 < x^2 + y^2 + z^2 \leq 1\}$ のとき，つぎの広義積分を計算せよ．

   (1) $\iiint_D \dfrac{1}{x^2 + y^2 + z^2}\,dxdydz$

   (2) $\iiint_D \dfrac{1}{(x^2 + y^2 + z^2)^p}\,dxdydz$

4. つぎの立体の体積を求めよ．$a > 0$ とする．

   (1) $D = \{x + y + z \leq a,\ x \geq 0,\ y \geq 0,\ z \geq 0\}$

   (2) $D = \{x^2 + y^2 + z^2 \leq a^2,\ x^2 + y^2 \leq ax,\ x \geq 0,\ y \geq 0,\ z \geq 0\}$

   (3) $D = \{x^2 + y^2 \leq a^2,\ x^2 + z^2 \leq a^2,\ 0 \leq z \leq y\}$

5. n 次元角錐 $\{x_1 + x_2 + \cdots + x_n \leq a,\ x_1 \geq 0,\ \cdots,\ x_n \geq 0\}$ の体積は $\dfrac{a^n}{n!}$ であることを示せ．

§2.6 線積分とGreenの定理

座標平面上の開集合を G とし，その各点 (x,y) にベクトル

$$\boldsymbol{f}(x,y) = (P(x,y), Q(x,y)) \tag{2.52}$$

が定まっているものとする．以下 G で考える．**向きづけられた曲線**を C とし，C 上に有限個の分点をとる．**始点・終点**を含め，C の向きに従いそれらをつぎのようにおく．

$$\boldsymbol{r}_0, \boldsymbol{r}_1, \boldsymbol{r}_2, \cdots, \boldsymbol{r}_n \quad (\boldsymbol{r}_i = (x_i, y_i))$$

それぞれの弧 $\widehat{\boldsymbol{r}_{i-1}\boldsymbol{r}_i}$ 上の任意の点を $\boldsymbol{s}_i$ とし，つぎのような内積の和をとる．

$$\sum_{i=1}^{n} \boldsymbol{f}(\boldsymbol{s}_i) \cdot (\boldsymbol{r}_i - \boldsymbol{r}_{i-1}) = \sum_{i=1}^{n} \{P(\boldsymbol{s}_i)(x_i - x_{i-1}) + Q(\boldsymbol{s}_i)(y_i - y_{i-1})\} \tag{2.53}$$

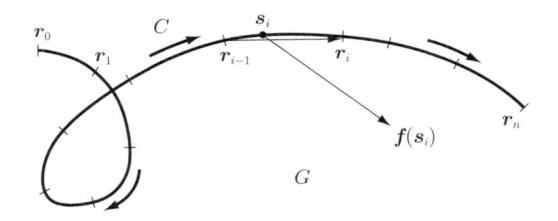

分点の個数を増し弧 $\widehat{\boldsymbol{r}_{i-1}\boldsymbol{r}_i}$ を一様に小さくするとき，この和がある値 $(=\alpha)$ に近づく場合，α をベクトル場 $\boldsymbol{f}$ の C に沿う**線積分**といい

$$(\alpha =) \int_C P(x,y)dx + \int_C Q(x,y)dy \quad \text{または} \quad \int_C Pdx + Qdy \tag{2.54}$$

のように表す．

注 線積分の値は，力学にでてくる仕事という量に当たる．すなわち，平面上の力 $\vec{\boldsymbol{f}}$ の場 G の中で C を経路とする変位を考える．このとき，始点から終点までに $\vec{\boldsymbol{f}}$ のなす仕事は，線積分 (2.54) で表される．

この節での曲線はつねに向きを考える．向きづけが逆であるものを $-C$ と書くと

$$\int_{-C} Pdx + Qdy = -(\int_C Pdx + Qdy) \tag{2.55}$$

となる．曲線 C_1, C_2 に対し，それらをあわせたものを $C_1 + C_2$ で表し，$C_1 + C_2$

の上での線積分は，個々の線積分の和とする．

まず，線積分を通常の積分で表す．曲線 C は

$$C: \quad x = x(t),\ y = y(t) \quad (a \leqq t \leqq b) \tag{2.56}$$

のようにパラメータ表示され，C の向きづけと t の増加が同じであるとする．$\boldsymbol{r}_i$ および $\boldsymbol{s}_i$ に対応するパラメータを t_i, c_i とおく．

$$\boldsymbol{r}_i = \boldsymbol{r}(t_i),\ \boldsymbol{s}_i = \boldsymbol{r}(c_i) \quad (t_{i-1} \leqq c_i \leqq t_i)$$

このとき，(2.53) はつぎのように表せる．

$$\sum_{i=1}^{n} P(\boldsymbol{r}(c_i))(x(t_i) - x(t_{i-1})) + \sum_{i=1}^{n} Q(\boldsymbol{r}(c_i))(y(t_i) - y(t_{i-1}))$$

これは，§1.6，VIII の定理 1.15 が適用できる場合二つの積分の和に収束する．したがって，線積分の定義からつぎがなりたつ．

定理 2.16 関数 P, Q が連続であり，C が C^1 級曲線 (2.56) であれば

$$\int_C P(x,y)dx + Q(x,y)dy$$
$$= \int_a^b P(x(t), y(t))x'(t)dt + \int_a^b Q(x(t), y(t))y'(t)dt \tag{2.57}$$

以下では曲線というとき，単一の C^1 級曲線であるか，またはそれをいくつかつないだものとする．始点と終点の一致する曲線を**閉曲線**という．この節では，重複点のない閉曲線だけを考え，向きは内部を左にみて回るものとする．

例 17 つぎのような，原点以外で定義された関数の組

$$P(x,y) = \frac{-y}{x^2 + y^2}, \quad Q(x,y) = \frac{x}{x^2 + y^2}$$

について，原点を中心とした円弧に沿う線積分を求める．

$C: \quad x = a\cos\theta,\ y = a\sin\theta \quad (\alpha \leqq \theta \leqq \beta)$

C の向きは θ の増加と同じとすると，定理 2.16 により

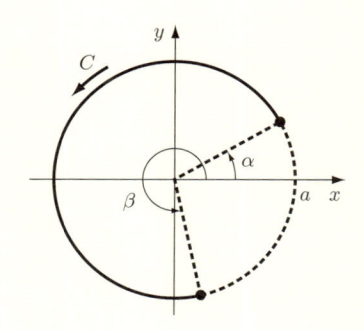

$$\int_C Pdx + Qdy = \int_\alpha^\beta \{P(x,y)x' + Q(x,y)y'\}d\theta$$
$$= \int_\alpha^\beta \frac{-yx' + xy'}{x^2 + y^2}d\theta$$

ここで，被積分関数は
$$\frac{-yx' + xy'}{x^2 + y^2} = \frac{-a\sin\theta(-a\sin\theta) + a\cos\theta(a\cos\theta)}{a^2} = 1$$
したがって
$$\int_C P(x,y)dx + Q(x,y)dy = \int_\alpha^\beta d\theta = \beta - \alpha$$
すなわち，終点と始点の偏角の差となる．とくに $\beta = \alpha + 2\pi$，すなわち C が閉曲線のとき，線積分値は 2π となる．

問 14 放物線 $y = x^2 + 1$ に沿って点 $(-1, 2)$ から点 $(2, 5)$ へ向かう曲線を C とする．つぎを求めよ．
$$\int_C (x-y)dx + x^2 dy$$

問 15 例 17 の組 (P, Q) を力 $\vec{f}$ の場とみたとき，どのような場であるかを考えよ．

線積分と重積分との関係を示すため，簡単な場合から説明する．G に含まれる図形が

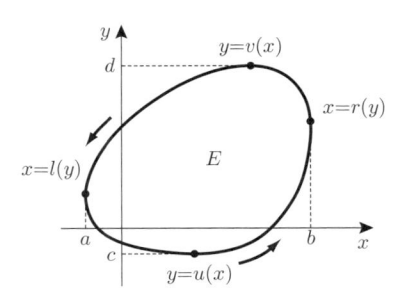

$$E = \{(x,y);\ a \leqq x \leqq b,\ u(x) \leqq y \leqq v(x)\}$$
$$= \{(x,y);\ c \leqq y \leqq d,\ l(y) \leqq x \leqq r(y)\} \qquad (2.58)$$

のように両方で縦線形になっているとき，**単純な図形**とよぶことにする．単純な図形 E の境界 ∂E を閉曲線とみて線積分を行う．

$$\int_{\partial E} Pdx + Qdy = \int_{\partial E} Pdx + \int_{\partial E} Qdy \qquad (2.59)$$

右辺で $\int_{\partial E} Pdx$ は y 軸に平行な部分での線積分値が 0 であるので

$$\int_{\partial E} P(x,y)dx = \int_a^b P(x,u(x))dx + \int_b^a P(x,v(x))dx$$
$$= -\int_a^b \{P(x,v(x)) - P(x,u(x))\}dx \qquad (2.60)$$

さらに，偏導関数 $P_y(x,y)$ が連続であれば (1.21) と (2.17) により

$$= -\int_a^b dx \int_{u(x)}^{v(x)} P_y(x,y)dy = -\iint_E P_y(x,y)dxdy \qquad (2.61)$$

同様に $l(y), r(y)$ を使い，$Q_x(x,y)$ が連続のとき

$$\int_{\partial E} Q(x,y)dy = \iint_E Q_x(x,y)dxdy$$

以上より，E が単純な図形であるとき ∂E を左回りに 1 周すると，つぎがなりたつ．

$$\int_{\partial E} Pdx + Qdy = \iint_E \{Q_x - P_y\}dxdy$$

より一般な集合 D がいくつかの単純な図形に分割できるときを考える．重積分の加法性および同一の軌跡上では逆向きの二つの線積分値は打ち消し合って 0 になることを利用すると，D でも同じ等式がなりたつことになる．

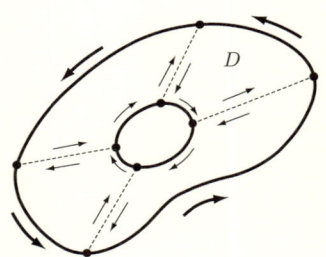

定理 2.17（Green の定理） 　関数 P, Q は $D \cup \partial D$ を含む開集合上で C^1 級とする．∂D が D を左手にみて進むいくつかの C^1 級曲線からなるとき

$$\int_{\partial D} P(x,y)dx + Q(x,y)dy = \iint_D \{Q_x(x,y) - P_y(x,y)\}dxdy \qquad (2.62)$$

例 18 　関数 $P(x,y) = \dfrac{-y}{x^2+y^2}$, $Q(x,y) = \dfrac{x}{x^2+y^2}$ について，次図の閉曲

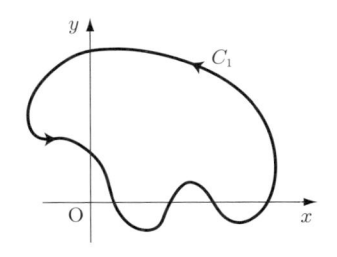

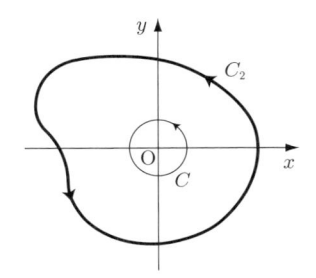

線 C_1, C_2 で線積分する．

P, Q は，開集合 $G = \mathbf{R}^2 \setminus \{(0,0)\}$ で C^∞ 級であり

$$Q_x(x,y) - P_y(x,y) = \frac{-x^2+y^2}{(x^2+y^2)^2} - \frac{-x^2+y^2}{(x^2+y^2)^2} = 0$$

である．C_1 の囲む部分には定理 2.17 が適用でき

$$\int_{C_1} Pdx + Qdy = 0$$

C_2 の囲む部分に定理 2.17 は適用できないが，原点を中心とする小さな半径の円 C を考え，C_2 と C に挟まれた部分に定理 2.17 を適用すると

$$\int_{C_2+(-C)} Pdx + Qdy = 0$$

この左辺は $\int_{C_2+(-C)} = \int_{C_2} - \int_{C}$ となる．したがって例 17 の結果から

$$\int_{C_2} Pdx + Qdy = \int_{C} Pdx + Qdy = 2\pi$$

開集合 G は弧状連結とし，さらに G 内の任意の閉曲線の囲む部分が G に含まれるとき，G は**単連結**であるという．

定理 2.18 単連結な開集合 G 上の C^1 級関数 P, Q について，(i)〜(iv) は同等である．

(i) G のすべての点 (x, y) でつぎがなりたつ．

$$\frac{\partial P}{\partial y}(x,y) = \frac{\partial Q}{\partial x}(x,y) \tag{2.63}$$

(ii)　任意の閉曲線 C に対し $\int_C P(x,y)dx + Q(x,y)dy = 0$ である．

(iii)　任意の 2 点 $\boldsymbol{r}_0, \boldsymbol{r}_1$ を始点・終点とする曲線 C に沿う線積分 $\int_C P(x,y)dx + Q(x,y)dy$ は，C によらない．

(iv)　G 上の C^2 級関数 φ で $\operatorname{grad} \varphi(x,y) = (P(x,y), Q(x,y))$ をみたすものがある．

証明の概略　(i)⇒(ii)　C を任意の閉曲線とする．G は単連結であるから，C の囲む区域 D 上で Q_x, P_y は定義されている．Green の定理と仮定 (i) により

$$\int_C Pdx + Qdy = \iint_D \{Q_x - P_y\} dxdy = 0$$

(ii)⇒(iii)　$\boldsymbol{r}_0$ を始点，$\boldsymbol{r}_1$ を終点とする任意の二つの曲線 C_1, C_2 を考える．C_1, C_2 それぞれは，仮定 (ii) により途中で閉曲線をつくることはないものとしてよい．さらに C_1, C_2 が途中で交差する場合は適宜に分け，交差しないものとしてつぎを示せばよい．

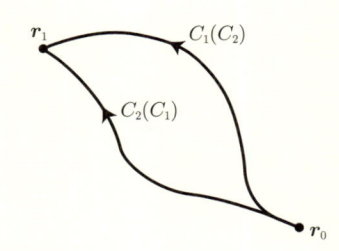

$$\int_{C_1} Pdx + Qdy = \int_{C_2} Pdx + Qdy$$

C_1, C_2 の囲む部分を左にみて回る閉曲線は，つぎのいずれかである．

$$C_1 + (-C_2) \quad \text{または} \quad C_2 + (-C_1)$$

たとえば前者の場合，仮定 (ii) により

$$\int_{C_1} - \int_{C_2} = \int_{C_1 + (-C_2)} = 0$$

(iii)⇒(iv)　1 点 $\boldsymbol{a}$ を定める．任意の点 $\boldsymbol{r}$ に対し $\boldsymbol{a}$ から $\boldsymbol{r}$ への曲線 C を考え線積分を行うと，仮定 (iii) により，線積分の値は点 $\boldsymbol{r} = (x,y)$ のみで定まるので，つぎのようにおくことができる．

$$\varphi(x,y) = \int_C Pdx + Qdy$$

このようにして，G 上の関数 φ が定義できる．h を小さい数として $\varphi(x+h, y)$ を考えると，仮定 (iii) から

$$\boldsymbol{a} \to \boldsymbol{r} \to (x+h, y)$$

に沿う線積分とみてよい．P は連続であるから，§1.2 定理 1.2（積分の平均値の定理）により $\theta = \theta(h)$ $(0 < \theta < 1)$ が存在してつぎが成立する．

$$\varphi(x+h, y) - \varphi(x, y) = \int_x^{x+h} P(t, y) dt = h P(x + \theta h, y)$$

よって，$\varphi_x(x, y) = P(x, y)$ を得る．同様に $\varphi_y(x, y) = Q(x, y)$ も導ける．P, Q は C^1 級より，φ は C^2 級である．

(iv)⇒(i)　φ は C^2 級を仮定するから，G のすべての点でつぎがなりたつ．

$$P_y(x, y) = \varphi_{xy}(x, y) = \varphi_{yx}(x, y) = Q_x(x, y) \qquad \square$$

注1　条件 (iv) の関数 φ は，定数差を除けば唯一つである．またその全微分は

$$d\varphi(x, y) = P(x, y) dx + Q(x, y) dy \tag{2.64}$$

力学では，$-\varphi$ を力の場 $\overrightarrow{\boldsymbol{f}} = (P, Q)$ のポテンシャルという．

注2　G が単連結でない場合，(i)～(iv) は同等でないことがある．例 18 で (i) はなりたつが，(ii) は C_2 でなりたたない．

上記の証明 (iii)⇒(iv) の方法を使うと，具体的な場合に φ が算出できる．

例 19　つぎの関数 P, Q の組を考える．

$$P(x, y) = x - y \sin x, \ Q(x, y) = \cos x - y^2$$

これらは，全平面上で C^∞ 級である．すべての (x, y) で

$$P_y(x, y) = -\sin x = Q_x(x, y)$$

すなわち条件 (i) をみたすので，(iv) の関数 φ を求めるには，たとえば原点を始点とし，任意の点 (x, y) を終点とする線積分を行えばよい．(iii) によると，とくに折れ線

$$C: (0, 0) \to (x, 0) \to (x, y)$$

に沿って線積分すればよい．

$$\varphi(x,y) = \int_C Pdx + Qdy = \int_0^x P(t,0)dt + \int_0^y Q(x,t)dt$$
$$= \int_0^x tdt + \int_0^y (\cos x - t^2)dt$$

注 1 により，φ は一般につぎのように表せる（c 定数）．

$$\varphi(x,y) = \frac{1}{2}x^2 + y\cos x - \frac{1}{3}y^3 + c$$

問 16 つぎの方程式をみたす関数 φ を求めよ．

$$d\varphi(x,y) = (2xy + y^2)dx + (x^2 + 2xy)dy$$

【練習問題 2.6】

1. 3 点 $(-1,0)$, $(1,0)$, $(1,1)$ を頂点とする三角形の周 C に沿う線積分 $\int_C (x+y)dx - xydy$ を求めよ．

2. C^1 級関数 $\psi(x,y)$ の定義域の中に C^1 級曲線 C を考える．C の始点を (x_0, y_0)，終点を (x_1, y_1) としたとき，つぎがなりたつことを示せ．

$$\int_C \psi_x(x,y)dx + \psi_y(x,y)dy = \psi(x_1, y_1) - \psi(x_0, y_0)$$

3. Green の定理と同じ仮定の下で，つぎを線積分で表せ．

$$\iint_D \{P_x(x,y) + Q_y(x,y)\}dxdy$$

4. つぎの $P(x,y)$, $Q(x,y)$ を考える（$r = \sqrt{x^2 + y^2}$）．

$$P(x,y) = \frac{x}{r^p}, \quad Q(x,y) = \frac{y}{r^p}$$

例 18 の C_1, C_2 に沿う線積分はいずれも 0 であることを示せ．

5. つぎの $P(x,y)$, $Q(x,y)$ を考える（$r = \sqrt{x^2 + y^2}$）．

$$P(x,y) = \frac{-y}{r^p}, \quad Q(x,y) = \frac{x}{r^p}$$

例 18 の C_1 に沿う線積分が 0 になる p を求めよ．

6. 例 18 の関数の組 P, Q について，例 19 と同様に関数 φ を半平面 $\{(x,y); x > 0\}$ 上で求めよ（点 $(1,0)$ を始点として）．

§2.7 補　足

I. 面　積

有界な集合の面積については §2.1 で一応説明したが，定義 (2.4) がどのような意味をもつかなどについて少し立ち入って考える．

$D\,(\subset \mathbf{R}^2)$ は有界な集合として，D を含む長方形 $K = [a,b] \times [c,d]$ を一つ決める．以下，(2.4) までに述べた記号などを断りなしに使う．このとき，D が面積をもつとは，関数

$$f_D(x,y) = \begin{cases} 1, & (x,y) \in D \\ 0, & (x,y) \in \mathbf{R}^2 \setminus D \end{cases}$$

が K で積分可能，ということであった．この関数の値は 0 と 1 のみだから，一つの分割 Δ によってできた各長方形 K_{ij} で最大値，最小値をとる．いま，K_{ij} における f_D の最大値，最小値をそれぞれ $M_{ij}(D)$, $m_{ij}(D)$ とおくと，いずれも 0 または 1 であり，かつ

$$M_{ij}(D) = 1 \iff D \cap K_{ij} \neq \emptyset \ (D \text{ と } K_{ij} \text{は共通点をもつ}) \tag{2.65}$$

$$m_{ij}(D) = 1 \iff K_{ij} \subset D \tag{2.66}$$

がなりたつ．さらに

$$S_\Delta(D) = \sum_{i=1}^{p} \sum_{j=1}^{q} M_{ij}(D) \mu(K_{ij}) \tag{2.67}$$

$$s_\Delta(D) = \sum_{i=1}^{p} \sum_{j=1}^{q} m_{ij}(D) \mu(K_{ij}) \tag{2.68}$$

とおくと，$M_{ij}(D) = 0$ となる i,j については，(2.67) の右辺から除いても $S_\Delta(D)$ の値は変わらないので (2.65) により

$$S_\Delta(D) = \sum_{D \cap K_{ij} \neq \emptyset} \mu(K_{ij}) \tag{2.69}$$

がなりたつ．同様に (2.66) により

$$s_\Delta(D) = \sum_{K_{ij} \subset D} \mu(K_{ij}) \tag{2.70}$$

がなりたつ．ここで，(2.69) の右辺は D と共通点をもつ長方形 K_{ij} の面積の和である．したがって，$S_\Delta(D)$ は D の"広さ"を過大に見積もったものとみなせる．また，(2.70) の右辺は D に含まれる K_{ij} の面積の和である．したがって，$s_\Delta(D)$ は D の"広さ"を過小に見積もったものとみなすことができる．

一方，$M_{ij}(D)$, $m_{ij}(D)$ は K_{ij} における f_D の最大値，最小値だから，(2.67), (2.68) は共に f_D についての Riemann 和 (2.1) とみなすことができる．したがって，f_D が K で積分可能，すなわち，$\|\Delta\| \to 0$ のとき Riemann 和が一定値 α に近づくならば，$S_\Delta(D)$, $s_\Delta(D)$ も同じ α に近づくはずである．しかし，極限 α が存在することを (2.1) から直接示すのは難しいのでつぎのように考える．

分割 Δ を変えると $S_\Delta(D)$ の値も（一般には）変わるから，すべての分割 Δ に対する $S_\Delta(D)$ の全体は一つの集合をつくる．また，$M_{ij}(D) \geqq 0$ だから (2.67) により $S_\Delta(D) \geqq 0$ である．したがって，この集合は下に有界だから下限をもつ（『微分』，§1.7 I）．この下限を $\mu_e(D)$ と表す．すなわち

$$\mu_e(D) = \inf\{S_\Delta(D);\ \Delta\ \text{は}\ K\ \text{の分割}\}$$

とおく（D の外面積という）．同様に，$m_{ij}(D) \leqq 1$ だから (2.68) により $s_\Delta(D) \leqq \mu(K)$. したがって，$s_\Delta(D)$ 全体からなる集合は上に有界だから上限をもつ．これを $\mu_i(D)$ と表す．すなわち

$$\mu_i(D) = \sup\{s_\Delta(D);\ \Delta\ \text{は}\ K\ \text{の分割}\}$$

とおく（D の内面積という）．このとき

$$\mu_e(D) = \lim_{\|\Delta\| \to 0} S_\Delta(D) \tag{2.71}$$

$$\mu_i(D) = \lim_{\|\Delta\| \to 0} s_\Delta(D) \tag{2.72}$$

がなりたつ．（極限の意味については，§1.6 の I を参照．）さらに，$m_{ij}(D) \leqq M_{ij}(D)$ だから (2.67), (2.68) により $s_\Delta(D) \leqq S_\Delta(D)$. したがって

$$\mu_i(D) \leqq \mu_e(D) \tag{2.73}$$

がなりたつ．(ここまでは，D が任意の有界集合でよい．)

ところで，$S_\Delta(D)$, $s_\Delta(D)$ は共に f_D の Riemann 和であるから，D が面積確定，すなわち，f_D が K で積分可能ならば，(2.71), (2.72), (2.73) により $\mu_i(D) = \mu_e(D)$ がなりたつ．逆に，$\mu_i(D) = \mu_e(D)$ ならば f_D のすべての Riemann 和は，$\|\Delta\| \to 0$ のときこの値に近づく．なぜならば，任意の点 $(\xi_{ij}, \eta_{ij}) \in K_{ij}$ に対して

$$m_{ij}(D) \leqq f_D(\xi_{ij}, \eta_{ij}) \leqq M_{ij}(D)$$

だから，すべての Riemann 和は $s_\Delta(D)$ 以上かつ $S_\Delta(D)$ 以下である．したがって，(2.71), (2.72) により，$\|\Delta\| \to 0$ のときすべての Riemann 和は $\mu_i(D) = \mu_e(D)$ に近づく．以上により，D が面積をもつための必要十分条件は，$\mu_i(D) = \mu_e(D)$，すなわち D の内面積と外面積が一致することがわかった．また，このとき，$\mu_i(D) = \mu_e(D) = \mu(D)$ がなりたつ．

つぎに，D が**面積 0** となるための条件を考える．以下，D の代わりに B と書く．上の説明から容易にわかるように $\mu_e(B) = 0$ が $\mu(B) = 0$ となるための必要十分条件である．したがって，(2.69), (2.71) より次の命題がなりたつ：

「B が面積 0 であるための必要十分条件は

$$\mu_e(B) = \lim_{\|\Delta\| \to 0} S_\Delta(B) = \lim_{\|\Delta\| \to 0} \sum_{B \cap K_{ij} \neq \emptyset} \mu(K_{ij}) = 0 \tag{2.74}$$

がなりたつことである．」

この命題を使うと，B が有限個の点からなる集合，1 点に収束する点列（を一つの集合とみる），あるいは，座標軸に平行な線分ならば，B は面積 0 であることが容易にわかる．有界閉区間で連続な関数のグラフが面積 0 (定理 2.3) であることを示すには，さらにこの関数の一様連続性 (1.49) も使う．このほかに面積 0 の集合としては，C^1 級曲線：

$B = \{(x,y) \in \mathbf{R}^2 ; x = f(t), y = g(t), a \leqq t \leqq b\}$　f, g は $[a,b]$ で C^1 級

が重要である．(たとえば，半径 1 の円周は $x = \cos t$, $y = \sin t$, $0 \leqq t \leqq 2\pi$)．より一般に，区分的に C^1 級な曲線（有限個の C^1 級曲線からなる連続曲線）も同様である．さらに，つぎもなりたつ：C^1 級曲線 $x = f(t)$, $y = g(t)$ $(a \leqq t \leqq b)$

が図形 D を左回りに一周するとき，D の面積は

$$\mu(D) = \frac{1}{2} \int_a^b \{f(t)g'(t) - g(t)f'(t)\}dt$$

となる．

> **注** 面積をもたない集合もある．たとえば，$K = [0,1] \times [0,1]$ の有理点（座標が共に有理数）の全体からなる集合を D とすると，$\mu_i(D) = 0$, $\mu_e(D) = 1$ となり D は面積をもたない．

II. 定符号関数の広義重積分

定理 2.8 であるつぎを証明する．この項での関数は連続とする．

定理 関数 $f(x,y)$ は D 上で連続とする．f が定符号のときは，D の一つの近似増加列 $\{A_n\}$ に対する極限

$$\lim_{n \to \infty} \iint_{A_n} f(x,y)dxdy$$

により広義重積分 $\iint_D f(x,y)dxdy$ は定まる（発散の場合を含む）．

証明 $f \geqq 0$ の場合を示す．$\displaystyle\lim_{n\to\infty} \iint_{A_n} f dxdy = \alpha$ とおく．$\{B_n\}$ を D の任意の近似増加列とする．

$$\iint_{A_n} f dxdy, \quad \iint_{B_n} f dxdy \quad (n = 1, 2, 3, \cdots)$$

は共に単調増加数列である．近似増加列の条件 (iii) から各 B_n に対し $B_n \subset A_m$ となる A_m があるので

$$\iint_{B_n} f dxdy \leqq \iint_{A_m} f dxdy \leqq \alpha$$

したがって，つぎがなりたつ．

$$(\beta =) \lim_{n\to\infty} \iint_{B_n} f dxdy \leqq \alpha$$

同様に，逆向きの不等式

$$\alpha = \lim_{n\to\infty} \iint_{A_n} f dxdy \leqq \beta$$

もなりたつので，$\beta = \alpha$ となる．定義から $\iint_D f(x,y)dxdy = \alpha$ である．□

被積分関数が符号一定でないときの広義積分については，つぎが知られている．

$$\iint_D f(x,y)dxdy \text{ は収束} \iff \iint_D |f(x,y)|dxdy \text{ は収束}$$

これがなりたつ十分条件として，つぎのような関数 $m(x,y)$ があればよい（定理 1.5 参照）．

$$|f(x,y)| \leqq m(x,y), \quad \iint_D m(x,y)dxdy \text{ は収束}$$

III. 順序の変更と広義重積分の定義に関する注意

(i) 累次積分の順序の変更を無造作に行うと，誤った結果になることがある．**Cauchy** が指摘した例でこれを説明する．

例 20 関数 $f(x,y) = \dfrac{-x^2+y^2}{(x^2+y^2)^2}$ では，つぎのようになる．

$$\int_0^1 dy \int_0^1 f(x,y)dx \neq \int_0^1 dx \int_0^1 f(x,y)dy \qquad (2.75)$$

実際に両辺の積分値を求めてみる．$f(x,y)$ は $g(x,y) = \arctan\dfrac{y}{x}$ を偏微分して得られる．

$$g_y(x,y) = \frac{x}{x^2+y^2}, \quad g_{yx}(x,y) = \frac{-x^2+y^2}{(x^2+y^2)^2}$$

したがって，(2.75) の左辺の値は

$$\text{左辺} = \int_0^1 dy \int_0^1 g_{yx}dx = \int_0^1 \{g_y(1,y) - g_y(0,y)\}dy$$
$$= \int_0^1 \frac{1}{1+y^2}dy = [\arctan y]_0^1 = \frac{\pi}{4}$$

(2.75) の右辺の値は，左辺での結果から

$$右辺 = -\int_0^1 dx \int_0^1 \frac{-y^2+x^2}{(x^2+y^2)^2}dy = -\frac{\pi}{4}$$

となり，(2.75) の二つの積分値は異なる．

(ii) 例 20 の関数 f は $D = (0,1] \times (0,1]$ での広義重積分が定義されないこともわかる．D の中の閉長方形 A_ε, B_ε をつぎのように定める．

$$A_\varepsilon = [\varepsilon, 1] \times [\varepsilon, 1], \quad B_\varepsilon = [\varepsilon^2, 1] \times [\varepsilon, 1] \quad (0 < \varepsilon < 1)$$

まず A_ε 上では，直線 $y = x$ に関し対称な点で f は符号だけが異なるので

$$\iint_{A_\varepsilon} f(x,y)dxdy = 0$$

したがって，$\varepsilon \to 0$ のときの極限値も 0 である．つぎに B_ε については

$$\iint_{B_\varepsilon} f(x,y)dxdy = \int_\varepsilon^1 dy \int_{\varepsilon^2}^1 g_{yx}(x,y)dx = \int_\varepsilon^1 (g_y(1,y) - g_y(\varepsilon^2, y))dy$$

$$= \int_\varepsilon^1 \frac{1}{1+y^2}dy - \varepsilon^2 \int_\varepsilon^1 \frac{1}{\varepsilon^4 + y^2}dy$$

$$= \frac{\pi}{4} - \arctan\varepsilon - \arctan\frac{1}{\varepsilon^2} + \arctan\frac{1}{\varepsilon}$$

よって $\varepsilon \to 0$ のとき

$$\iint_{B_\varepsilon} f(x,y)dxdy \to \frac{\pi}{4}$$

以上より，D の二つの近似増加列で極限値が異なるので，f の D 上での広義積分は定義されない．

IV．曲面積

空間内の曲面 S がパラメータ表示されている場合を考える．

$$S: \ x = x(u,v),\ y = y(u,v),\ z = z(u,v) \quad ((u,v) \in D)$$

各関数は C^1 級とする．点 (u,v) に対応する S 上の点を $\boldsymbol{r}(u,v)$ とおく．点 (s,t) $(\in D)$ を定め，D 内の小さな長方形 $(h, k > 0)$

$$\Delta D = [s, s+h] \times [t, t+k]$$

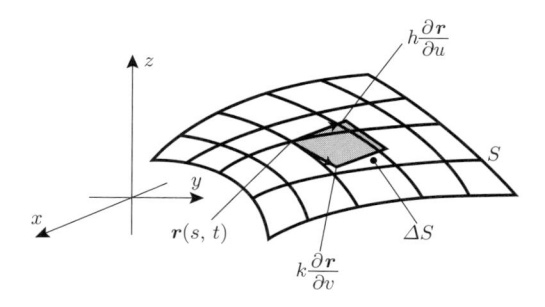

を考える．これに対応する S 上の小曲面を ΔS とおく．ΔS の形は，二つのベクトル
$$h\frac{\partial \boldsymbol{r}}{\partial u} = h(x_u, y_u, z_u),\ k\frac{\partial \boldsymbol{r}}{\partial v} = k(x_v, y_v, z_v) \quad (x_u = x_u(s,t) \text{ など})$$
のつくる平行四辺形に近い形となる．これらの**外積**（ベクトル積）の長さは
$$\text{平行四辺形の面積} = \left\|h\frac{\partial \boldsymbol{r}}{\partial u} \times k\frac{\partial \boldsymbol{r}}{\partial v}\right\| = \left\|\frac{\partial \boldsymbol{r}}{\partial u} \times \frac{\partial \boldsymbol{r}}{\partial v}\right\|\mu(\Delta D) \tag{2.76}$$
であり，ΔS の広さの近似値とみることができる．外積の成分は
$$\frac{\partial \boldsymbol{r}}{\partial u} \times \frac{\partial \boldsymbol{r}}{\partial v} = \left(\det\begin{pmatrix} y_u & y_v \\ z_u & z_v \end{pmatrix},\ \det\begin{pmatrix} z_u & z_v \\ x_u & x_v \end{pmatrix},\ \det\begin{pmatrix} x_u & x_v \\ y_u & y_v \end{pmatrix}\right) \tag{2.77}$$
各行列式は Jacobian になっている．D が長方形である場合，小長方形に分割し各小長方形に対する (2.76) の和をとる．この和は分割を細かくすると，つぎの積分値に近づく．
$$\iint_D \left\|\frac{\partial \boldsymbol{r}}{\partial u} \times \frac{\partial \boldsymbol{r}}{\partial v}\right\| dudv$$
一般に D が面積確定な集合の場合も，長方形の和集合で D を内部から近似することにより，同じ公式になる．広義積分でも同様である．よって，つぎのように定義する．
$$S\text{ の}\textbf{曲面積} = \iint_D \sqrt{\left(\frac{\partial(y,z)}{\partial(u,v)}\right)^2 + \left(\frac{\partial(z,x)}{\partial(u,v)}\right)^2 + \left(\frac{\partial(x,y)}{\partial(u,v)}\right)^2}\,dudv \tag{2.78}$$
被積分関数は，つぎのようにも表せる（Lagrange の等式，『微分』，練習問題

1.1）．
$$(2.78) = \iint_D \sqrt{EG - F^2}\, dudv$$

ここで，$E = x_u^2 + y_u^2 + z_u^2$, $F = x_u x_v + y_u y_v + z_u z_v$, $G = x_v^2 + y_v^2 + z_v^2$．

例 21 半径 r の球面 $x^2 + y^2 + z^2 = r^2$ は，つぎのように二つのパラメータで表せる（(2.43) 参照）．

$x = r\sin\theta\cos\varphi,\ y = r\sin\theta\sin\varphi,\ z = r\cos\theta,\ \{0 \leqq \theta \leqq \pi,\ 0 \leqq \varphi \leqq 2\pi\}$

これに (2.78) を適用すると曲面積は $4\pi r^2$ となる．

曲面が $z = f(x, y)$ のグラフであるとき，その曲面のパラメータ表示として
$$x = u,\ y = v,\ z = f(u, v)$$
をとることができる．定義 (2.78) からつぎを得る．

定理 2.19 曲面が，D 上の C^1 級関数 $z = f(x, y)$ のグラフであるとき
$$\text{曲面積} = \iint_D \sqrt{1 + f_x(x, y)^2 + f_y(x, y)^2}\, dxdy \tag{2.79}$$

V. B 関数と Γ 関数の関係式

§1.4 の (1.39) で述べた B 関数と Γ 関数との関係
$$B(p, q) = \frac{\Gamma(p)\Gamma(q)}{\Gamma(p+q)} \qquad (p, q > 0)$$
を導く．定理 2.9 により
$$\Gamma(p)\Gamma(q) = \left(\int_0^\infty e^{-x} x^{p-1} dx\right)\left(\int_0^\infty e^{-y} y^{q-1} dy\right)$$
$$= \iint_{x,y>0} e^{-(x+y)} x^{p-1} y^{q-1} dxdy \tag{2.80}$$

右端に，つぎのような変数変換を行う．
$$x = uv,\quad y = u(1-v)$$
第 1 象限の内部 $D = \{x > 0, y > 0\}$ に対応する u, v の変域を求めると

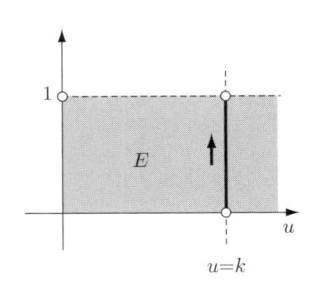

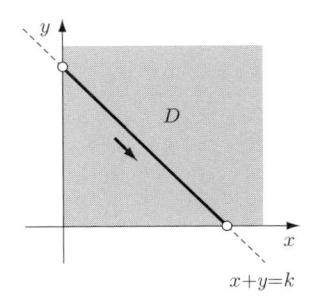

$$E = \{u > 0,\ 1 > v > 0\} = (0, \infty) \times (0, 1)$$

が対応し，写像 $(u,v) \to (x,y)$ は E から D の上への 1 対 1 かつ C^∞ 級写像になる．

Jacobian は
$$\frac{\partial(x,y)}{\partial(u,v)}(u,v) = \det \begin{pmatrix} v & u \\ 1-v & -u \end{pmatrix} = -u \neq 0$$

である．したがって，変数変換の結果は
$$(2.80) = \iint_E e^{-u}(uv)^{p-1}(u(1-v))^{q-1} u\, du\, dv$$

再び定理 2.9 を使い
$$= \int_0^\infty e^{-u} u^{p+q-1} du \int_0^1 v^{p-1}(1-v)^{q-1} dv = \Gamma(p+q) B(p,q)$$

問題の略解またはヒント

第 1 章　1 変数関数の積分法

§1.1　原始関数

問 1　部分積分による．

(1) $\int \log x \, dx = x \log x - \int x \cdot \frac{1}{x} dx = x \log x - x$

(2) $\int \arctan x \, dx = x \arctan x - \int \frac{x}{1+x^2} dx = x \arctan x - \frac{1}{2} \log(1+x^2)$

問 2　$\sqrt{a^2 - x^2} = a \cos t$, $dx = a \cos t \, dt$ より $\int \frac{1}{\sqrt{a^2 - x^2}} dx = \int dt = t = \arcsin \frac{x}{a}$

問 3　基本的な原始関数 (3) による．

問 4　(1) $\int a^x dx = \frac{a^x}{\log a} \ (a \neq 1), \ = x \ (a = 1)$

(2) $b \neq \pm a$ のとき
$$\int \sin ax \cos bx \, dx = \frac{1}{2} \int (\sin(a+b)x + \sin(a-b)x) dx$$
$$= \frac{-1}{2} \left(\frac{\cos(a+b)x}{a+b} + \frac{\cos(a-b)x}{a-b} \right)$$

$b = \pm a \, (\neq 0)$ のとき，$\frac{-\cos(2ax)}{4a}$．

(3) $\int x \log x \, dx = \frac{x^2}{2} \log x - \int \frac{x^2}{2} \cdot \frac{1}{x} dx = \frac{x^2}{2} \left(\log x - \frac{1}{2} \right)$

(4) $\int \sinh x \, dx = \frac{1}{2} \int (e^x - e^{-x}) dx = \frac{1}{2}(e^x + e^{-x}) = \cosh x$

問 5　$\int x^2 \cos x \, dx = x^2 \sin x - \int 2x \sin x \, dx = x^2 \sin x + 2x \cos x - 2 \int \cos x \, dx$
$= x^2 \sin x + 2x \cos x - 2 \sin x$

問 6 (1) $\dfrac{x-1}{x^2+2x+2} = \dfrac{1}{2}\cdot\dfrac{2x+2}{x^2+2x+2} - \dfrac{2}{(x+1)^2+1}$ より

$$\int \dfrac{x-1}{x^2+2x+2}dx = \dfrac{1}{2}\log(x^2+2x+2) - 2\arctan(x+1)$$

(2) $\dfrac{x^2+1}{x(x-1)^2} = \dfrac{1}{x} + \dfrac{2}{(x-1)^2}$ より $\int \dfrac{x^2+1}{x(x-1)^2}dx = \log|x| + \dfrac{2}{1-x}$

問 7 (1) $\int \dfrac{1}{\sin x}dx = \int \dfrac{1}{t}dt = \log|t| = \log\left|\tan\dfrac{x}{2}\right|$

(2) $\int \dfrac{1}{1+\sin x}dx = \int \dfrac{2}{(1+t)^2}dt = -\dfrac{2}{1+t} = \dfrac{-2}{1+\tan\dfrac{x}{2}}$

【練習問題 1.1】

1. (1) $\int \dfrac{\sqrt{1+x}}{\sqrt{1-x}}dx = \int \dfrac{1+x}{\sqrt{1-x^2}}dx = \arcsin x - \sqrt{1-x^2}$

(2) $x^4+1 = t$ とおくと

$$\int \dfrac{dx}{x(x^4+1)^2} = \dfrac{1}{4}\int \dfrac{dt}{(t-1)t^2} = \dfrac{1}{4}\int\left(\dfrac{1}{t-1} - \dfrac{1}{t} - \dfrac{1}{t^2}\right)dt$$

$$= \dfrac{1}{4}\left(\log\dfrac{t-1}{t} + \dfrac{1}{t}\right) = \dfrac{1}{4}\left(\log\dfrac{x^4}{x^4+1} + \dfrac{1}{x^4+1}\right)$$

(3) $\int \dfrac{dx}{a+\cos x} = \int \dfrac{2dt}{a+1+(a-1)t^2} = \dfrac{2}{a-1}\int \dfrac{dt}{\dfrac{a+1}{a-1}+t^2}$

$= \dfrac{2}{a-1}\sqrt{\dfrac{a-1}{a+1}}\arctan\left(\sqrt{\dfrac{a-1}{a+1}}\tan\dfrac{x}{2}\right)$ $\left(|a|>1 \text{ より } \dfrac{a+1}{a-1}>0\right)$

2. (1) $\int e^{ax}P(x)dx = \dfrac{e^{ax}}{a}P(x) - \int \dfrac{e^{ax}}{a}P'(x)dx$ のように部分積分を繰り返す.

(2) $\int e^{-x}(x^2-3x)dx = -e^{-x}(x^2-3x+(2x-3)+2) = -e^{-x}(x^2-x-1)$

3. (1) $\int \sqrt{a^2-x^2}\,dx = x\sqrt{a^2-x^2} + \int \dfrac{x^2}{\sqrt{a^2-x^2}}dx$

$= x\sqrt{a^2-x^2} - \int \dfrac{a^2-x^2}{\sqrt{a^2-x^2}}dx + \int \dfrac{a^2}{\sqrt{a^2-x^2}}dx$ より

$$2\int\sqrt{a^2-x^2}\,dx = x\sqrt{a^2-x^2} + a^2\arcsin\frac{x}{a}$$

(2) $\displaystyle\int\sqrt{x^2+a}\,dx = x\sqrt{x^2+a} - \int\frac{x^2}{\sqrt{x^2+a}}dx$

$\displaystyle\quad = x\sqrt{x^2+a} - \int\frac{x^2+a}{\sqrt{x^2+a}}dx + \int\frac{a}{\sqrt{x^2+a}}dx$ より

$$2\int\sqrt{x^2+a}\,dx = x\sqrt{x^2+a} + a\log|x+\sqrt{x^2+a}|$$

4. 部分積分により

$$I_n = \int\frac{dx}{(x^2+a)^n} = \frac{x}{(x^2+a)^n} + 2n\int\frac{x^2}{(x^2+a)^{n+1}}dx$$

$$= \frac{x}{(x^2+a)^n} + 2n\left\{\int\frac{x^2+a}{(x^2+a)^{n+1}}dx - \int\frac{a}{(x^2+a)^{n+1}}dx\right\}$$

$$= \frac{x}{(x^2+a)^n} + 2n(I_n - aI_{n+1})$$

$$2naI_{n+1} = \frac{x}{(x^2+a)^n} + (2n-1)I_n$$

5. $\sqrt{x^2+x+1} = t-x$ を 2 乗し,$x = \dfrac{t^2-1}{2t+1}$,$dx = \dfrac{2t^2+2t+2}{(2t+1)^2}dt$ で I を書き換える.

$$I = \frac{1}{2}\int\frac{(2t+1)^2+3}{t(2t+1)^2}dt = \frac{1}{2}\int\frac{dt}{t} + \frac{3}{2}\int\frac{dt}{t(2t+1)^2}$$

$$= \frac{1}{2}\int\frac{dt}{t} + \frac{3}{2}\int\left\{\frac{1}{t} - \frac{2}{(2t+1)^2} - \frac{2}{(2t+1)}\right\}dt$$

$$= 2\log|t| + \frac{3}{2(2t+1)} - \frac{3}{2}\log|2t+1|$$

$$= \log\frac{t^2}{|2t+1|^{3/2}} + \frac{3}{2(2t+1)} \quad (t = x+\sqrt{x^2+x+1})$$

§1.2 定積分の定義と性質

【練習問題 1.2】

1. $[x] = 0\ (0 \leqq x < 1)$,$[x] = 1\ (1 \leqq x < 2)$ である.$x = 1, 2$ での関数値を変え

$$\frac{1}{2-0}\int_0^2 [x]dx = \frac{1}{2}\left\{\int_0^1 [x]dx + \int_1^2 [x]dx\right\} = \frac{1}{2}\int_1^2 dx = \frac{1}{2}$$

2. $q(t) = \left(\int_a^b f(x)^2 dx\right) t^2 - 2\left(\int_a^b f(x)g(x)dx\right) t + \int_a^b g(x)^2 dx \geqq 0$ である.

$\int_a^b f(x)^2 dx > 0$ のとき, $q(t)$ は非負値の 2 次関数であるから判別式 $\leqq 0$ より Schwarz の不等式を得る. $\int_a^b f(x)^2 dx = 0$ のとき, $q(t)$ は非負値の 1 次関数であるから $\int_a^b f(x)g(x)dx = 0$ であり, Schwarz の不等式は両辺とも 0.

§1.3 定積分の計算

問 8 (1) $\int_1^3 \frac{1}{x} dx = [\log|x|]_1^3 = \log 3$

(2) $\int_0^1 \frac{1}{\sqrt{x^2+1}} dx = [\log|x+\sqrt{x^2+1}|]_0^1 = \log(1+\sqrt{2})$

(3) $\int_1^4 \log x \, dx = [x\log x - x]_1^4 = 8\log 2 - 3$

(4) $\int_0^1 \arctan x \, dx = \left[x\arctan x - \frac{1}{2}\log(1+x^2)\right]_0^1 = \frac{\pi}{4} - \frac{1}{2}\log 2$

問 9 (1) $\dfrac{d}{dx}\int_a^{2x} f(t)dt = 2f(2x)$

(2) $\int_x^{3x} f(t)dt = \int_0^{3x} f(t)dt - \int_0^x f(t)dt$ より $\dfrac{d}{dx}\int_x^{3x} f(t)dt = 3f(3x) - f(x)$

問 10 $x = \sin t$ とおき (1.26) により

$$\int_0^1 (1-x^2)^{n/2} dx = \int_0^{\pi/2} (\cos t)^{n+1} dt = \begin{cases} \dfrac{n!!}{(n+1)!!} & (n \text{ 偶数}) \\ \dfrac{n!!}{(n+1)!!}\dfrac{\pi}{2} & (n \text{ 奇数}) \end{cases}$$

問 11 (a) $\int_0^{\pi/2} f(\cos x)dx = \int_0^{\pi/2} f(\sin(\frac{\pi}{2}-x))dx = \int_{\pi/2}^0 f(\sin t)(-dt)$

$$= \int_0^{\pi/2} f(\sin t)dt$$

(b) $\int_{\pi/2}^\pi f(\sin x)dx = \int_{\pi/2}^\pi f(\cos(x-\frac{\pi}{2}))dx = \int_0^{\pi/2} f(\cos t)dt$ と (a) の結果

を使い

$$\int_0^\pi f(\sin x)dx = \int_0^{\pi/2} + \int_{\pi/2}^{\pi} = 2\int_0^{\pi/2} f(\sin x)dx$$

(c) $\displaystyle \int_0^\pi xf(\sin x)dx = \int_\pi^0 (\pi-t)f(\sin(\pi-t))(-dt)$

$$= \pi \int_0^\pi f(\sin t)dt - \int_0^\pi tf(\sin t)dt$$

$$2\int_0^\pi xf(\sin x)dx = \pi \int_0^\pi f(\sin x)dx$$

【練習問題 1.3】

1. (1) 問 4 の (3) より

$$\int_1^2 x\log x\,dx = \left[\frac{x^2}{2}(\log x - \frac{1}{2})\right]_1^2 = 2\log 2 - \frac{3}{4}$$

(2) $\displaystyle \int_0^1 \frac{dx}{x^2-x+1} = \int_0^1 \frac{dx}{\left(x-\frac{1}{2}\right)^2 + \frac{3}{4}} = \int_{-1/2}^{1/2} \frac{dt}{t^2+\frac{3}{4}}$

$$= \frac{2}{\sqrt{3}}\left[\arctan\frac{2}{\sqrt{3}}t\right]_{-1/2}^{1/2} = \frac{2\pi}{3\sqrt{3}}$$

(3) $\displaystyle \int_0^1 x\arctan x\,dx = \left[\frac{x^2}{2}\arctan x\right]_0^1 - \frac{1}{2}\int_0^1 \frac{x^2}{1+x^2}dx$

$$= \frac{\pi}{8} - \frac{1}{2}\int_0^1\left(1 - \frac{1}{1+x^2}\right)dx = \frac{\pi}{8} - \frac{1}{2}[x - \arctan x]_0^1 = \frac{\pi}{4} - \frac{1}{2}$$

(4) 基本的な原始関数 (7), (9) を用いる.

$$\int_0^2 \sqrt{|x^2-1|}dx = \int_0^1 \sqrt{1-x^2}\,dx + \int_1^2 \sqrt{x^2-1}\,dx$$

$$= \left[\frac{1}{2}(x\sqrt{1-x^2} + \arcsin x)\right]_0^1 + \left[\frac{1}{2}(x\sqrt{x^2-1} - \log(x+\sqrt{x^2-1}))\right]_1^2$$

$$= \frac{\pi}{4} + \sqrt{3} - \frac{1}{2}\log(2+\sqrt{3})$$

(5) $\displaystyle \int_0^1 \arcsin\sqrt{\frac{x}{1+x}}dx = \left[x\arcsin\sqrt{\frac{x}{1+x}}\right]_0^1 - \int_0^1 \frac{x}{2\sqrt{x}(1+x)}dx$

$$= \frac{\pi}{4} - \int_0^1 \frac{\sqrt{x}}{2(x+1)} dx$$

ここで $\sqrt{x} = t$ とおくと $dx = 2tdt$ より

$$\int_0^1 \frac{\sqrt{x}}{2(x+1)} dx = \int_0^1 \frac{t^2}{t^2+1} dt = [t - \arctan t]_0^1 = 1 - \frac{\pi}{4}$$

よって，求める積分値は $\frac{\pi}{2} - 1$．

(6)　$t = \dfrac{x-a}{b-a}$ とおくと

$$\int_a^b \sqrt{(x-a)(b-x)} dx = (b-a)^2 \int_0^1 \sqrt{t(1-t)} dt$$

右辺の積分は，$t = \sin^2 \theta$ により変数変換し (1.26) を使う．

$$\int_0^1 \sqrt{t(1-t)} dt = 2\int_0^{\pi/2} \sin^2 \theta \cos^2 \theta \, d\theta = 2\left\{\int_0^{\pi/2} \sin^2 \theta \, d\theta - \int_0^{\pi/2} \sin^4 \theta \, d\theta\right\}$$

$$= 2\left\{\frac{1}{2!!}\frac{\pi}{2} - \frac{3!!}{4!!}\frac{\pi}{2}\right\} = \frac{\pi}{8}$$

または $t(1-t) = \dfrac{1}{4} - (t - \dfrac{1}{2})^2$ として変数変換する．求める積分値は $\dfrac{\pi(b-a)^2}{8}$．

(7)　$a^2 - x^2 = y$ とおくと $-2xdx = dy$, $x^2 = a^2 - y$．

$$\int_0^a x^5 \sqrt{a^2 - x^2} dx = -\frac{1}{2} \int_{a^2}^0 (a^2 - y)^2 \sqrt{y} \, dy$$

$$= \frac{1}{2}\left[\frac{2}{3} \cdot a^4 y^{3/2} - \frac{4}{5} \cdot a^2 y^{5/2} + \frac{2}{7} \cdot y^{7/2}\right]_0^{a^2} = \frac{8a^7}{105}$$

別解　$x = a\sin\theta$ で変数変換すると，(1.26) により

$$\int_0^a x^5 \sqrt{a^2 - x^2} dx = a^7 \int_0^{\pi/2} \sin^5 \theta \cos^2 \theta \, d\theta$$

$$= a^7 \left(\int_0^{\pi/2} \sin^5 \theta \, d\theta - \int_0^{\pi/2} \sin^7 \theta \, d\theta\right)$$

$$= a^7 \left(\frac{4!!}{5!!} - \frac{6!!}{7!!}\right) = \frac{8a^7}{105}$$

(8)　$\displaystyle\int_{-1}^1 x3^x dx = \left[x \cdot \frac{3^x}{\log 3}\right]_{-1}^1 - \int_{-1}^1 \frac{3^x}{\log 3} dx = \frac{1}{3}\left(\frac{10}{\log 3} - \frac{8}{(\log 3)^2}\right)$

(9) $\int_0^1 \log(1+\sqrt{x})dx = \left[x\log(1+\sqrt{x})\right]_0^1 - \int_0^1 \frac{x}{2\sqrt{x}(1+\sqrt{x})}dx$
$= \log 2 - \int_0^1 \frac{t^2}{1+t}dt = \log 2 - \int_0^1 \left(t-1+\frac{1}{t+1}\right)dt = \frac{1}{2}$

2. (1.15) による．$n \to \infty$ のとき
$$\frac{1^p + 2^p + \cdots + n^p}{n^{p+1}} = \frac{1}{n}\sum_{i=1}^n \left(\frac{i}{n}\right)^p \longrightarrow \int_0^1 x^p dx = \frac{1}{p+1}$$

3. (1) つぎの等式を $m=n$, $m \neq n$ に分けて積分する．$\int_{-\pi}^{\pi} \cos kx\, dx = \int_{-\pi}^{\pi} \sin kx\, dx = 0$ ($k \neq 0$, 整数) を使う．

$$\cos mx \cos nx = \frac{1}{2}(\cos(m-n)x + \cos(m+n)x)$$
$$\sin mx \sin nx = \frac{1}{2}(\cos(m-n)x - \cos(m+n)x)$$
$$\sin mx \cos nx = \frac{1}{2}(\sin(m-n)x + \sin(m+n)x)$$

(2) $\int_{-\pi}^{\pi} f(x)\cos mx\, dx = \frac{a_0}{2}\int_{-\pi}^{\pi}\cos mx\, dx + \sum_{k=1}^n \{a_k \int_{-\pi}^{\pi}\cos kx \cos mx\, dx + b_k \int_{-\pi}^{\pi}\sin kx \cos mx\, dx\} = I(m)$ において $m=0$, $m\neq 0$ に場合分けし，(1) の結果から

$$I(m) = \pi a_0 \quad (m=0), \quad I(m) = \pi \sum_{k=1}^n \{a_k \delta_{km}\} = \pi a_m \quad (m \neq 0)$$

$\int_{-\pi}^{\pi} f(x)\sin mx\, dx$ も同様．

§1.4　広義積分

問 12 (1) $\int_{-\infty}^{\infty} \frac{dx}{1+x^2} = [\arctan x]_{-\infty}^{\infty} = \frac{\pi}{2} - (-\frac{\pi}{2}) = \pi$ (『微分』，§1.6 逆関数)．

(2) $\int_0^{\infty} \frac{x}{1+x^2}dx = [\frac{1}{2}\log(1+x^2)]_0^{\infty} = \infty$ より $\int_{-\infty}^{\infty} \frac{x}{1+x^2}dx$ は発散．

(3) $\displaystyle\int_{-\infty}^{\infty}\frac{dx}{\cosh x}=\int_{-\infty}^{\infty}\frac{2}{e^x+e^{-x}}dx=\int_{0}^{\infty}\frac{2}{y^2+1}dy=\pi$

問 13 (1) $-\log x=t$ とおくと

$$\int_0^1(-\log x)^n dx=\int_\infty^0 t^n(-e^{-t})dt=\int_0^\infty e^{-t}t^n dt=\Gamma(n+1)=n!$$

(2) $x^2=t$ とおくと

$$\int_{-\infty}^{\infty}e^{-x^2}dx=2\int_0^{\infty}e^{-x^2}dx=\int_0^{\infty}e^{-t}t^{-1/2}dt=\Gamma\left(\frac{1}{2}\right)$$

問 14 (1) B 関数の定義式 (1.38) で $x=\sin^2\theta$ とおく．

(2) (1) で $2p-1=\alpha,\ 2q-1=\beta$ とおく．

【練習問題 1.4】

1. (1) $\displaystyle\int_1^\infty\frac{dx}{x(x^2+1)}=\int_1^\infty\left(\frac{1}{x}-\frac{x}{x^2+1}\right)dx=[\log x-\frac{1}{2}\log(x^2+1)]_1^\infty$

$\displaystyle=\left[\log\frac{x}{\sqrt{x^2+1}}\right]_1^\infty=\frac{1}{2}\log 2$

(2) $\displaystyle\lim_{x\to 0+0}x^\alpha\log x=0\,(\alpha>0)$ を用いる（『微分』，§2.4，例 9 (2)）．

$$\int_0^1\frac{\log x}{x^p}dx=\left[\frac{x^{1-p}}{1-p}\log x\right]_0^1-\frac{1}{1-p}\int_0^1\frac{dx}{x^p}=\frac{-1}{(1-p)^2}$$

(3) $\log x=t$ とおくと $\displaystyle\int_2^\infty\frac{dx}{x(\log x)^p}=\int_{\log 2}^\infty\frac{dt}{t^p}$．例 14 より $p\leqq 1$ のとき ∞ に発散し，$p>1$ のとき収束して積分値は $(\log 2)^{1-p}/(p-1)$．

(4) $\displaystyle\int f(x)f'(x)dx=\frac{1}{2}f(x)^2$ より $\displaystyle\int_0^1\frac{\arcsin x}{\sqrt{1-x^2}}dx=\left[\frac{1}{2}(\arcsin x)^2\right]_0^1=\frac{\pi^2}{8}$．

または部分積分．

(5) $e^x=t$ とおくと

$\displaystyle\int_{-\infty}^\infty\frac{dx}{a\cosh x+b\sinh x}=\int_0^\infty\frac{2dt}{(a+b)t^2+(a-b)}$

$\displaystyle=2\left[\frac{1}{\sqrt{a^2-b^2}}\arctan\left(t\sqrt{\frac{a+b}{a-b}}\right)\right]_0^\infty=\frac{\pi}{\sqrt{a^2-b^2}}$

2. (1) $t = \dfrac{x-a}{b-a}$ とおき，さらに $t = \sin^2\theta$ で変数変換すると

$$\int_a^b \frac{dx}{\sqrt{(x-a)(b-x)}} = \int_0^1 \frac{dt}{\sqrt{t(1-t)}} = 2\int_0^{\pi/2} d\theta = \pi$$

別解 $\displaystyle\int_0^1 \frac{dt}{\sqrt{t(1-t)}} = B\left(\frac{1}{2}, \frac{1}{2}\right) = \pi$ （問 14(1)）

(2) (1.1) 式により

$$\int_0^\infty e^{-ax}\cos x\, dx = \left[\frac{e^{-ax}(-a\cos x + \sin x)}{a^2+1}\right]_0^\infty = \frac{a}{a^2+1}$$

または，広義積分の部分積分を例 4 のように 2 回繰り返す．

(3) $x = \tan\theta$ とおくと $x^2 + 1 = \dfrac{1}{\cos^2\theta}$, $dx = \dfrac{1}{\cos^2\theta}d\theta$. (1.26) により

$$\int_{-\infty}^\infty \frac{dx}{(x^2+1)^{n+1}} = \int_{-\pi/2}^{\pi/2} \cos^{2n}\theta\, d\theta = 2\int_0^{\pi/2}\cos^{2n}\theta\, d\theta = \frac{(2n-1)!!}{(2n)!!}\pi$$

(4) $x + \sqrt{x^2+1} = t$ とおくと $x = \dfrac{t^2-1}{2t}$, $dx = \dfrac{t^2+1}{2t^2}dt$.

$$\int_0^\infty \frac{dx}{(x+\sqrt{x^2+1})^p} = \frac{1}{2}\int_1^\infty \left(\frac{1}{t^p} + \frac{1}{t^{p+2}}\right)dt = \frac{p}{p^2-1}$$

3. $x^2 = t$ とおくと

$$\int_0^\infty x^n e^{-x^2}dx = \frac{1}{2}\int_0^\infty e^{-t}t^{(n-1)/2}dt = \frac{1}{2}\Gamma\left(\frac{n+1}{2}\right)$$

(1.37) 式より n が偶数のとき $\dfrac{1}{2}\dfrac{(n-1)!!}{2^{n/2}}\sqrt{\pi}$, n が奇数のとき $\dfrac{1}{2}\left(\dfrac{n-1}{2}\right)!$.

§1.5 積分の応用

問 15 $\dfrac{dx}{dt} = 1 - \cos t$, $\dfrac{dy}{dt} = \sin t$ より

$$\left(\frac{dx}{dt}\right)^2 + \left(\frac{dy}{dt}\right)^2 = 2(1-\cos t) = 4\sin^2\frac{t}{2}$$

よって長さは $\displaystyle\int_0^{2\pi} 2\sin\frac{t}{2}dt = 8$.

110　問題の略解またはヒント

問 16　定理 1.9 による．求める面積は, (1.26) により

$$\frac{1}{2}\int_0^{2\pi}\left\{a^2\cos^3\theta(\sin^3\theta)' - a^2\sin^3\theta(\cos^3\theta)'\right\}d\theta$$

$$=\frac{3a^2}{2}\int_0^{2\pi}\sin^2\theta\cos^2\theta\,d\theta$$

$$=6a^2\left\{\int_0^{\pi/2}\sin^2\theta\,d\theta - \int_0^{\pi/2}\sin^4\theta\,d\theta\right\}$$

$$=6a^2\left\{\frac{1}{2}\frac{\pi}{2} - \frac{3}{8}\frac{\pi}{2}\right\} = \frac{3\pi a^2}{8}$$

問 17　$x = r\cos\theta$, $y = r\sin\theta$ とおくと

$$x^2 + y^2 = r^2,\ x^2 - y^2 = r^2(\cos^2\theta - \sin^2\theta) = r^2\cos 2\theta$$

から $r^2 = \cos 2\theta$．よって，求める面積は定理 1.10 より $4\cdot\dfrac{1}{2}\displaystyle\int_0^{\pi/4}\cos 2\theta\,d\theta = 1$

【練習問題 1.5】

1.　(1) 公式 (1.43) により

$$\int_0^1\sqrt{1+(y')^2}\,dx = \int_0^1\frac{\sqrt{1-2\sqrt{x}+2x}}{\sqrt{x}}dx = 2\int_0^1\sqrt{1-2t+2t^2}\,dt\quad(\sqrt{x}=t)$$

$$=2\sqrt{2}\int_0^1\sqrt{\left(t-\frac{1}{2}\right)^2+\frac{1}{4}}\,dt = 2\sqrt{2}\int_{-1/2}^{1/2}\sqrt{u^2+\frac{1}{4}}\,du$$

$$=2\sqrt{2}\left[u\sqrt{u^2+\frac{1}{4}} + \frac{1}{4}\log\left(u+\sqrt{u^2+\frac{1}{4}}\right)\right]_0^{1/2}$$

$$=1+\frac{\sqrt{2}}{2}\log(1+\sqrt{2})$$

または，$x = \cos^4 t$, $y = \sin^4 t$ $(0 \leqq t \leqq \pi/2)$ として (1.42) を使う．

(2) 求める面積は，公式 (1.45) により

$$\int_0^1(1-\sqrt{x})^2dx = \int_0^1(1-2\sqrt{x}+x)dx = \frac{1}{6}$$

2.　(1)　$x = r\cos\theta, y = r\sin\theta$ とおくと $(r^2 - r\cos\theta)^2 = r^2$ より $r - \cos\theta = \pm 1$．$r \geqq 0$ より $r = 1 + \cos\theta$．

(2)　$f(\theta) = 1 + \cos\theta$ として (1.44) 式による．$f(\theta)^2 + f'(\theta)^2 = 2(1+\cos\theta) = $

$4\cos^2\dfrac{\theta}{2}$. よって長さは
$$\int_{-\pi}^{\pi}2\cos\frac{\theta}{2}d\theta=4\int_0^{\pi}\cos\frac{\theta}{2}d\theta=8$$

(3) 求める面積は，定理 1.10 より
$$2\cdot\frac{1}{2}\int_0^{\pi}(1+\cos\theta)^2 d\theta=\int_0^{\pi}(1+2\cos\theta+\cos^2\theta)d\theta=\pi+2\int_0^{\pi/2}\cos^2\theta\,d\theta=\frac{3\pi}{2}$$

3. 問 15 の図形から $x=t-\sin t$, $y=1-\cos t$ で決まる関数を $y=f(x)$ とおくと，求める面積は
$$\int_0^{2\pi}f(x)dx=\int_0^{2\pi}(1-\cos t)^2 dt=\int_0^{2\pi}(1-2\cos t+\cos^2 t)dt$$
$$=2\pi+4\int_0^{\pi/2}\cos^2 t\,dt=3\pi$$

4. 図形の対称性から求める面積は $x^p=a^p t$ とおき，(1.39) を使うと
$$4\int_0^a(a^p-x^p)^{1/p}dx=\frac{4a^2}{p}\int_0^1 t^{1/p-1}(1-t)^{1/p}dt=\frac{4a^2}{p}B\left(\frac{1}{p},\frac{1}{p}+1\right)$$
$$=\frac{4a^2}{p}\frac{\varGamma\left(\dfrac{1}{p}\right)\varGamma\left(\dfrac{1}{p}+1\right)}{\varGamma\left(\dfrac{2}{p}+1\right)}=\frac{2a^2}{p}\frac{\varGamma\left(\dfrac{1}{p}\right)^2}{\varGamma\left(\dfrac{2}{p}\right)}$$

5. 始点と終点が一致する $(\varphi(b),\psi(b))=(\varphi(a),\psi(a))$ ので，部分積分すると
$$\int_a^b\varphi(t)\psi'(t)dt=[\varphi(t)\psi(t)]_a^b-\int_a^b\varphi'(t)\psi(t)dt=-\int_a^b\varphi'(t)\psi(t)dt$$

第 2 章　重積分法
（求める積分を I で表してある）

§2.2　重積分の累次化

問 1　(1) $I=\displaystyle\int_0^1 dx\int_0^1(x^2+2xy)dy=\int_0^1\left[x^2 y+xy^2\right]_{y=0}^{y=1}dx$
$\qquad\qquad=\displaystyle\int_0^1(x^2+x)dx=\frac{5}{6}$

(2) $I = \int_0^2 dx \int_{-1}^1 (x+y)^2 dy = \int_0^2 \left[(x+y)^3/3\right]_{y=-1}^{y=1} dx$
$= \int_0^2 (2x^2 + \frac{2}{3})dx = \frac{20}{3}$

(3) $I = \int_0^1 dy \int_0^1 ye^{xy} dx = \int_0^1 [e^{xy}]_{x=0}^{x=1} dy = \int_0^1 (e^y - 1)dy = e - 2$

問 2 (1) $I = \int_0^1 dx \int_0^{1-x} x^2 dy = \int_0^1 x^2(1-x)dx = [x^3/3 - x^4/4]_0^1 = \frac{1}{12}$

(2) $I = \int_{-1}^2 dx \int_{x^2}^{x+2} (2x+3y)dy = \int_{-1}^2 [2xy + 3y^2/2]_{y=x^2}^{y=x+2} dx$
$= \int_{-1}^2 (-3x^4/2 - 2x^3 + 7x^2/2 + 10x + 6)dx = \frac{261}{10}$

(3) $I = 4\iint_{D_1} x^2 y^2 dx dy$, $D_1 = \{x+y \leqq 1,\ x \geqq 0,\ y \geqq 0\}$
$= 4\int_0^1 dx \int_0^{1-x} x^2 y^2 dy = 4\int_0^1 [x^2 y^3/3]_{y=0}^{y=1-x} dx$
$= \frac{4}{3}\int_0^1 x^2(1-x)^3 dx = \frac{1}{45}$

問 3 (1) $I = \int_0^1 dy \int_{y^2}^y f(x,y)dx$

(2) $I = \int_a^x dt \int_t^x f(y,t)dy$

(3) $I = \int_0^1 dy \int_1^{y+1} f(x,y)dx + \int_1^2 dy \int_1^2 f(x,y)dx + \int_2^3 dy \int_{y-1}^2 f(x,y)dx$

【練習問題 2.2】

1. (1) $I = \left(\int_0^{1/2} \frac{1}{\sqrt{1-x^2}} dx\right)\left(\int_0^1 y dy\right) = [\arcsin x]_0^{1/2} [y^2/2]_0^1 = \frac{\pi}{12}$

(2) $D = \{0 \leqq x \leqq 2,\ 0 \leqq y \leqq \sqrt{2x-x^2}\}$ と表すと
$$I = \int_0^2 dx \int_0^{\sqrt{2x-x^2}} xy\,dy = \int_0^2 \left[\frac{x}{2}y^2\right]_{y=0}^{y=\sqrt{2x-x^2}} dx = \frac{2}{3}$$

(3) $D = \{1 \leqq x \leqq 2,\ 1 \leqq y \leqq x\} = \{1 \leqq y \leqq 2,\ y \leqq x \leqq 2\}$
$$I = \iint_D (\log x - 2\log y)dxdy = \int_1^2 dx \int_1^x \log x\,dy - 2\int_1^2 dy \int_y^2 \log y\,dx$$

$$= \int_1^2 (x\log x - \log x)dx + 2\int_1^2 (y\log y - 2\log y)dy$$

$$= 3\int_1^2 x\log x\, dx - 5\int_1^2 \log x\, dx = 3\left[\frac{x^2}{2}\log x - \frac{x^2}{4}\right]_1^2 - 5[x\log x - x]_1^2$$

$$= -4\log 2 + \frac{11}{4}$$

(4) $I = \int_0^1 dx \int_0^x e^{-x^2} dy = \int_0^1 xe^{-x^2} dx = [-e^{-x^2}/2]_0^1 = \dfrac{1-e^{-1}}{2}$

(5) y 軸に関する対称性から $I = \iint_D y^n dxdy = 2\int_0^1 dx \int_{x-1}^{1-x} y^n dy$

n が奇数のとき，y^n は奇関数より

$$I = 2\int_0^1 0 dx = 0$$

n が偶数のとき，y^n は偶関数より

$$I = 4\int_0^1 dx \int_0^{1-x} y^n dy = 4\int_0^1 \frac{(1-x)^{n+1}}{n+1} dx = \frac{4}{(n+1)(n+2)}$$

2. (1) $I = \int_0^a dy \int_0^{\sqrt{a^2-y^2}} x\sqrt{x^2+y^2} dx = \int_0^a \left[\frac{1}{3}(x^2+y^2)^{3/2}\right]_{x=0}^{x=\sqrt{a^2-y^2}} dy$

$$= \frac{1}{3}\int_0^a (a^3 - y^3) dy = \frac{a^4}{4}$$

(2) $I = \int_0^1 (1+y)dy \int_{e^y}^e \dfrac{dx}{x} = \int_0^1 (1+y)[\log x]_{e^y}^e dy = \int_0^1 (1-y^2)dy = \dfrac{2}{3}$

(3) $I = \int_0^1 \cos(1-x)^2 \left(\int_{\sqrt{x}}^1 t dt\right) dx = \dfrac{1}{2}\int_0^1 (1-x)\cos(1-x)^2 dx$

$(1-x)^2 = \theta$ と変数変換すると $1-x = -(1/2)d\theta/dx$

$$I = \frac{1}{4}\int_0^1 \cos\theta d\theta = \frac{\sin 1}{4}$$

§2.3 変数変換

問 4 $u = x+y, v = y-x$ とすると (u,v) の変域は $K = [0,1]\times[0,1]$ であり

$$x = \frac{u-v}{2},\ y = \frac{u+v}{2},\ \frac{\partial(x,y)}{\partial(u,v)} = \frac{1}{2}$$

$$I = \iint_K \frac{u^2 - v^2}{4} \frac{1}{2} du dv = \frac{1}{8} \left\{ \iint_K u^2 du dv - \iint_K v^2 du dv \right\} = 0$$

問 5 (1) (2.25) により

$$I = \iint_E e^{-r^2} r dr d\theta, \quad E = \{0 \leqq r \leqq a, \ 0 \leqq \theta \leqq 2\pi\}$$

$$= \left(\int_0^a re^{-r^2} dr \right) \left(\int_0^{2\pi} d\theta \right) = 2\pi \left[\frac{-1}{2} e^{-r^2} \right]_0^a = \pi(1 - e^{-a^2})$$

(2) $D = \{(x-1)^2 + y^2 \leqq 1\}$ だから $x = 1 + r\cos\theta, \ y = r\sin\theta$ と変数変換すると $\dfrac{\partial(x,y)}{\partial(r,\theta)} = r, \ E = \{0 \leqq r \leqq 1, \ 0 \leqq \theta \leqq 2\pi\}$ とおくと

$$I = \iint_E (1 + r\cos\theta + r\sin\theta) r dr d\theta = \iint_E r dr d\theta + \iint_E r^2 (\cos\theta + \sin\theta) dr d\theta$$
$$= \int_0^1 r dr \int_0^{2\pi} d\theta + \int_0^1 r^2 dr \int_0^{2\pi} (\cos\theta + \sin\theta) d\theta = \pi$$

【練習問題 2.3】

1. (1) 変数変換 $u = x+y, v = y-2x$. $x = \dfrac{u-v}{3}, y = \dfrac{2u+v}{3}$ で $\dfrac{\partial(x,y)}{\partial(u,v)} = \dfrac{1}{3}$ だから

$$I = \int_0^1 du \int_0^1 \frac{2u+v}{3} \frac{1}{3} dv = \frac{1}{9} \int_0^1 \left[2uv + \frac{1}{2} v^2 \right]_{v=0}^{v=1} du = \frac{1}{6}$$

(2) 変数変換 $u = x - y, \ v = x + y$. $x = \dfrac{u+v}{2}, \ y = \dfrac{v-u}{2}$ で $\dfrac{\partial(x,y)}{\partial(u,v)} = \dfrac{1}{2}$ だから

$$I = \frac{1}{2} \iint_E e^u \sin v \, du dv, \quad E = \{0 \leqq u \leqq 2, \ 0 \leqq v \leqq \pi\}$$
$$= \frac{1}{2} \int_0^2 e^u du \int_0^\pi \sin v \, dv = e^2 - 1$$

(3) 変数変換 $x = ar\cos\theta, \ y = br\sin\theta$ として

$$\frac{\partial(x,y)}{\partial(r,\theta)} = abr, \quad E = \{0 \leqq r \leqq 1, \ 0 \leqq \theta \leqq 2\pi\}$$

$$I = \iint_E \{(ar\cos\theta)^2 + (br\sin\theta)^2\} abr dr d\theta$$

$$= ab\int_0^1 r^3 dr \int_0^{2\pi}\left(a^2\frac{1+\cos 2\theta}{2}+b^2\frac{1-\cos 2\theta}{2}\right)d\theta = \frac{\pi ab}{4}(a^2+b^2)$$

(4) 被積分関数は D で有界かつ連続だから，例 6 の前の注と (2.25) により

$$I = \iint_E \theta r dr d\theta, \quad E=\{0\leqq r\leqq a,\ 0\leqq \theta\leqq \pi/2\}$$

$$= \int_0^a r dr \int_0^{\pi/2}\theta d\theta = \frac{\pi^2 a^2}{16}$$

(5) (2.25) により

$$I = \iint_E \frac{1}{r^2+c^2} r dr d\theta, \quad E=\{0\leqq r<1,\ 0\leqq\theta\leqq 2\pi\}$$

$$= \int_0^1 \frac{r}{r^2+c^2} dr \int_0^{2\pi} d\theta = 2\pi\left[\frac{1}{2}\log(r^2+c^2)\right]_0^1 = 2\pi\log\frac{\sqrt{1+c^2}}{c}$$

(6) (2.25) により

$$I = \iint_E \sqrt{r\cos\theta}(r\sin\theta) r dr d\theta,\ E=\{0\leqq r\leqq a,\ \pi/4\leqq\theta\leqq\pi/2\}$$

$$= \int_0^a r^{5/2} dr \int_{\pi/4}^{\pi/2}\sqrt{\cos\theta}\sin\theta\, d\theta$$

$$= \left[\frac{2}{7}r^{7/2}\right]_0^a \times \left[\frac{-2}{3}(\cos\theta)^{3/2}\right]_{\pi/4}^{\pi/2} = \frac{2}{21}2^{1/4}a^{7/2}$$

2. (1)

$$\frac{\partial(x,y)}{\partial(r,\theta)} = \det\begin{pmatrix}\cos^4\theta & -4r\cos^3\theta\sin\theta \\ \sin^4\theta & 4r\sin^3\theta\cos\theta\end{pmatrix} = 4r\sin^3\theta\cos^3\theta$$

$$I = \iint_E (r\cos^4\theta)^{n/2}(r\sin^4\theta)^{m/2}4r\sin^3\theta\cos^3\theta dr d\theta,$$

$$E=\{0\leqq r\leqq 1,\ 0\leqq\theta\leqq\pi/2\}$$

$$= 4\int_0^1 r^{(n+m+2)/2} dr \int_0^{\pi/2}(\cos\theta)^{2n+3}(\sin\theta)^{2m+3}d\theta$$

$$= 4\frac{2}{n+m+4}\frac{1}{2}B\left(\frac{2n+4}{2},\frac{2m+4}{2}\right) = \frac{4B(n+2,m+2)}{n+m+4}$$

(2) (1.39) により

$$B(n+2, m+2) = \frac{\Gamma(n+2)\Gamma(m+2)}{\Gamma(m+n+4)} = \frac{(n+1)!(m+1)!}{(m+n+3)!}$$

$$I = \frac{4(n+1)!(m+1)!}{(m+n+4)!}$$

3. $w = ax + by + f$, $z = cx + dy + g$ とおくと

$$\mu(T(D)) = \iint_{T(D)} 1 dw dz = \iint_D \left|\frac{\partial(w,z)}{\partial(x,y)}\right| dx dy$$

$$= \iint_D |ad - bc| dx dy = |ad - bc|\mu(D)$$

$\mu(D) > 0$ のときを考え，求める条件は $|ad - bc| = 1$．

§2.4 　広義重積分

問 6 $D_\varepsilon = \{\varepsilon^2 \leqq x^2 + y^2 \leqq 1\}$ $(0 < \varepsilon < 1)$ とおくと (2.25) により

$$\iint_{D_\varepsilon} \frac{1}{(x^2 + y^2)^p} dx dy = \iint_{E_\varepsilon} \frac{1}{r^{2p}} r dr d\theta, \quad E_\varepsilon = \{\varepsilon \leqq r \leqq 1, \ 0 \leqq \theta < 2\pi\}$$

$$= \int_\varepsilon^1 \frac{1}{r^{2p-1}} dr \int_0^{2\pi} d\theta = 2\pi \int_\varepsilon^1 \frac{1}{r^{2p-1}} dr$$

よって，§1.4 例 14 より I は $2p - 1 \geqq 1$，すなわち $p \geqq 1$ で発散，$p < 1$ で収束し $I = 2\pi/(2 - 2p) = \pi/(1 - p)$．

問 7 $D_n = [0, n] \times [0, n]$ $(n = 1, 2, \cdots)$ とおくと

$$\iint_{D_n} \frac{1}{(x + y + 1)^2} dx dy = \int_0^n dx \int_0^n \frac{1}{(x + y + 1)^2} dy$$

$$= \int_0^n \left(\frac{1}{x + 1} - \frac{1}{x + n + 1}\right) dx = \log \frac{(n + 1)^2}{2n + 1} \to \infty$$

$$(n \to \infty)$$

I は発散する．

問 8 (2.30) により

$$I = \iint_{\mathbf{R}^2} \frac{1}{(x^2 + 1)(y^2 + 1)} dx dy = \int_{-\infty}^\infty \frac{dx}{x^2 + 1} \int_{-\infty}^\infty \frac{dy}{y^2 + 1} = \pi^2$$

【練習問題 2.4】

1. (1) $D_\varepsilon = \{x^2 + y^2 \leqq 1 - \varepsilon\}$ $(0 < \varepsilon < 1)$ とおくと (2.25) により

$$\iint_{D_\varepsilon} (1-x^2-y^2)^{-\alpha/2} dxdy$$
$$= \iint_{E_\varepsilon} (1-r^2)^{-\alpha/2} rdrd\theta, \ E_\varepsilon = \{0 \leqq r \leqq \sqrt{1-\varepsilon},\ 0 \leqq \theta \leqq 2\pi\}$$
$$= 2\pi \int_0^{\sqrt{1-\varepsilon}} (1-r^2)^{-\alpha/2} rdr = 2\pi \left[\frac{-1}{2-\alpha}(1-r^2)^{(2-\alpha)/2} \right]_0^{\sqrt{1-\varepsilon}}$$
$$= \frac{2\pi}{2-\alpha}(1-\varepsilon^{(2-\alpha)/2})$$

$2-\alpha>0$ より $\varepsilon^{(2-\alpha)/2} \to 0$ ($\varepsilon \to 0$). よって, $I = 2\pi/(2-\alpha)$.

(2) (2.30) より
$$I = \int_0^\infty e^{-px^2} dx \int_0^\infty e^{-qy^2} dy \quad (\sqrt{p}\,x = s,\ \sqrt{q}\,y = t)$$
$$= \frac{1}{\sqrt{p}} \int_0^\infty e^{-s^2} ds \frac{1}{\sqrt{q}} \int_0^\infty e^{-t^2} dt = \frac{\pi}{4\sqrt{pq}}$$

(例 10 より $\int_0^\infty e^{-x^2} dx = \sqrt{\pi}/2$ を用いた).

(3) $D_\varepsilon = \{0 < x \leqq y \leqq \sqrt{1-x^2},\ \sqrt{x^2+y^2} \geqq \varepsilon\}$ $(0 < \varepsilon < 1)$ とおいて極座標に変換すると
$$\iint_{D_\varepsilon} \log(x^2+y^2) dxdy = \iint_{E_\varepsilon} (\log r^2) rdrd\theta,\ E = \left\{ \varepsilon \leqq r \leqq 1,\ \frac{\pi}{4} \leqq \theta \leqq \frac{\pi}{2} \right\}$$
$$= \int_\varepsilon^1 2r\log r\,dr \int_{\pi/4}^{\pi/2} d\theta = \frac{\pi}{4}[r^2\log r - r^2/2]_\varepsilon^1 = \frac{\pi}{4}\left(-\frac{1}{2} - \varepsilon^2\log\varepsilon + \frac{\varepsilon^2}{2} \right)$$

L'Hôpital の定理より $\lim_{x\to 0+0} \dfrac{\log x}{x^{-2}} = \dfrac{-1}{2} \lim_{x\to 0+0} x^2 = 0.$ $I = -\pi/8.$

(4) (2.30) により
$$I = \int_{-\infty}^\infty x^2 e^{-x^2} dx \int_{-\infty}^\infty e^{-y^2} dy = \left(2\int_0^\infty x^2 e^{-x^2} dx\right)\left(2\int_0^\infty e^{-y^2} dy\right)$$

ここで $\int_0^\infty e^{-y^2} dy = \sqrt{\pi}/2$, および
$$\int_0^\infty x^2 e^{-x^2} dx = \left[\frac{-x}{2} e^{-x^2}\right]_0^\infty + \frac{1}{2}\int_0^\infty e^{-x^2} dx$$

右辺で $\lim_{x\to\infty} \dfrac{x}{e^{x^2}} = \lim_{x\to\infty} \dfrac{1}{2xe^{x^2}} = 0$ より $I = \dfrac{\pi}{2}$.

(5) $I = \lim_{n\to\infty} \left(\int_{-n}^n e^{-x^2} dx\right) \left(\int_{-n}^n y e^{-y^2} dy\right) = 0$

(6) $D_\varepsilon = \{x+y \leqq 1,\ x \geqq \varepsilon,\ y \geqq 0\}\ (0 < \varepsilon < 1)$ とおいて

$$\iint_{D_\varepsilon} \sqrt{y/x}\, dxdy = \int_0^{1-\varepsilon} \sqrt{y}\, dy \int_\varepsilon^{1-y} 1/\sqrt{x}\, dx$$
$$= \int_0^{1-\varepsilon} 2\sqrt{y}\sqrt{1-y}\, dy - 2\sqrt{\varepsilon}\int_0^{1-\varepsilon} \sqrt{y}\, dy$$

被積分関数は $[0,1]$ で連続だから $\varepsilon \to 0+0$ とすると

$$I = \int_0^1 2\sqrt{y(1-y)}\, dy = \int_0^1 2\sqrt{\left(\frac{1}{2}\right)^2 - \left(y-\frac{1}{2}\right)^2}\, dy$$
$$= \left[\left(y-\frac{1}{2}\right)\sqrt{y(1-y)} + \left(\frac{1}{2}\right)^2 \arcsin(2y-1)\right]_0^1 = \frac{\pi}{4}$$

(原始関数 (7) を用いた，または $y = \sin^2\theta$ とする．)

2. $D_n = \{x^2 + y^2 \leqq n^2\}\ (n = 1, 2, \cdots)$ とおくと (2.25) より

$$\iint_{D_n} (1+x^2+y^2)^{-\beta/2} dxdy = \int_0^n dr \int_0^{2\pi} (1+r^2)^{-\beta/2} r d\theta$$
$$= \begin{cases} 2\pi \left[\dfrac{1}{2-\beta}(1+r^2)^{(2-\beta)/2}\right]_0^n & (\beta \neq 2) \\ 2\pi \left[\dfrac{1}{2}\log(1+r^2)\right]_0^n & (\beta = 2) \end{cases}$$

I は $\beta \leqq 2$ のとき発散，$\beta > 2$ のとき収束で $I = 2\pi/(\beta - 2)$．

3. $x = (1/\sqrt{a})r\cos\theta,\ y = (1/\sqrt{b})r\sin\theta$ と変数変換すると $\dfrac{\partial(x,y)}{\partial(r,\theta)} = \dfrac{r}{\sqrt{ab}}$ だから (2.24) により

$$I = \frac{1}{\sqrt{ab}}\iint_{r\geqq 0, 0\leqq \theta \leqq \pi/2} f(r^2) r dr d\theta$$

さらに (2.30) を使い，$t = r^2$ と変数変換すると

$$I = \frac{1}{\sqrt{ab}}\frac{\pi}{2}\frac{1}{2}\int_0^\infty f(t) dt$$

4. (1) $u = x + \dfrac{b}{a}y,\ v = y$ と変数変換すると $x = u - \dfrac{b}{a}v,\ y = v$ だから $\dfrac{\partial(x,y)}{\partial(u,v)} = 1$．$D = \{q(x,y) \leqq 1\}$ とおくと (2.24) により

$$\mu(D) = \iint_D 1 dxdy = \iint_E 1 dudv, \quad E = \left\{ au^2 + \frac{ac-b^2}{a}v^2 \leqq 1 \right\}$$

E は楕円の囲む区域で，その面積は §1.5 例 20 から $\pi/\sqrt{ac-b^2}$.

(2)　(1) と同じ変数変換をし，対称性と上問 3 により

$$\iint_{\boldsymbol{R}^2} \exp\left(-au^2 - \frac{ac-b^2}{a}v^2\right) dudv = 4\iint_{u,v\geqq 0} \exp\left(-au^2 - \frac{ac-b^2}{a}v^2\right) dudv$$

$$= \frac{\pi}{\sqrt{a \cdot \frac{ac-b^2}{a}}} \int_0^\infty e^{-t} dt = \frac{\pi}{\sqrt{ac-b^2}}$$

§2.5　多重積分

問 9　例 12 と同じように

$$I = \iiint_D xz\,dxdydz = \iint_{D_0} x\left(\int_0^{1-x-y} z\,dz\right) dxdy,$$

$$D_0 = \{0 \leqq x \leqq 1,\ 0 \leqq y \leqq 1-x\}$$

$$= \frac{1}{2}\iint_{D_0} x(1-x-y)^2 dxdy = \frac{1}{2}\int_0^1 x\left(\int_0^{1-x}(1-x-y)^2 dy\right) dx$$

$$= \frac{1}{2}\int_0^1 x\left[-\frac{1}{3}(1-x-y)^3\right]_{y=0}^{y=1-x} dx = \frac{1}{6}\int_0^1 x(1-x)^3 dx = \frac{1}{120}$$

問 10　(2.40) により

$$I = \int_a^b dx \iint_{D_x} y^2 dydz, \quad D_x = \{y^2 + z^2 \leqq g(x)^2\}$$

(2.41) の証明と同様の極座標変換をすると

$$\iint_{D_x} y^2 dydz = \int_0^{g(x)} dr \int_0^{2\pi} (r\cos\theta)^2 r d\theta = \frac{\pi}{4} g(x)^4 \text{から}\ I = \frac{\pi}{4}\int_a^b g(x)^4 dx$$

問 11　$\displaystyle\int_0^{2\pi} d\varphi \int_0^\pi d\theta \int_0^a r^2 \sin\theta\,dr = \frac{4\pi}{3}a^3$

問 12　(2.50) で例 16 と同じ変数変換をすると

$$I = abc \iiint_E (x^2+y^2) r^2 \sin\theta\,drd\theta d\varphi,$$

$$E = \{0 \leqq r \leqq 1,\ 0 \leqq \theta \leqq \pi/2,\ 0 \leqq \varphi \leqq 2\pi\}$$

$x = ar\sin\theta\cos\varphi$, $y = br\sin\theta\sin\varphi$,
$$I = abc\left\{a^2\int_0^1 r^4 dr\int_0^{\pi/2}\sin^3\theta d\theta\int_0^{2\pi}\cos^2\varphi d\varphi\right.$$
$$\left.+b^2\int_0^1 r^4 dr\int_0^{\pi/2}\sin^3\theta d\theta\int_0^{2\pi}\sin^2\varphi d\varphi\right\}$$

(1.26) により
$$\int_0^{\pi/2}\sin^3\theta d\theta = \frac{2}{3},\quad \int_0^{2\pi}\sin^2\theta d\theta = \int_0^{2\pi}\cos^2\theta d\theta = \pi$$

$I = \dfrac{2\pi}{15}abc(a^2+b^2)$.

問 13 (2.51) および §1.4 の (1.37) により
$$V_4(r) = \frac{\pi^2}{2\Gamma(2)}r^4 = \frac{\pi^2 r^4}{2},\quad V_5(r) = \frac{\pi^{5/2}}{(5/2)\Gamma(5/2)}r^5 = \frac{8\pi^2 r^5}{15}$$

【練習問題 2.5】

1. (1) 空間の極座標に変換し $H = \{0 \leqq r \leqq 1,\ 0 \leqq \theta \leqq \pi/2,\ 0 \leqq \varphi \leqq \pi/2\}$ とおくと, (2.46) により
$$I = \iiint_H (r\sin\theta\sin\varphi)r^2\sin\theta dr d\theta d\varphi$$
$$= \int_0^1 r^3 dr\int_0^{\pi/2}\sin^2\theta d\theta\int_0^{\pi/2}\sin\varphi d\varphi = \frac{\pi}{16}$$

(2) (2.39) で (x,y,z) を (z,x,y) におきかえると
$$I = \int_0^1 z\left(\iint_{D_z} dxdy\right)dz,\quad D_z = \{0 \leqq x \leqq y^2,\ z \leqq y \leqq 2z\}$$
$$\iint_{D_z} dxdy = \int_z^{2z} dy\int_0^{y^2} dx = \frac{7}{3}z^3\quad \text{から}\quad I = \frac{7}{3}\int_0^1 z^4 dz = \frac{7}{15}$$

(3) 例 16 と同様の変数変換をすると
$$I = \iiint_{D'}(cr\cos\theta)^2 abcr^2\sin\theta dr d\theta d\varphi,$$
$$D' = \{0 \leqq r \leqq 1,\ 0 \leqq \theta \leqq \pi,\ 0 < \varphi \leqq 2\pi\}$$
$$= abc^3\int_0^1 r^4 dr\int_0^\pi (\cos\theta)^2\sin\theta d\theta\int_0^{2\pi} d\varphi = \frac{4\pi}{15}abc^3$$

(4) 定理 2.13 より
$$I = \iint_D dxdy \int_0^{\sqrt{x^2+y^2}} (x+y^2z)dz, \quad D = \{x^2+y^2 \leq 1,\ x \geq 0\}$$
$$= \iint_D (x\sqrt{x^2+y^2} + \frac{1}{2}y^2(x^2+y^2))dxdy$$

さらに (2.25) を使うと
$$I = \iint_E \left(r^2\cos\theta + \frac{1}{2}r^4\sin^2\theta\right)rdrd\theta,\ E = \{0 \leq r \leq 1,\ -\pi/2 \leq \theta \leq \pi/2\}$$
$$= 2\int_0^1 r^3 dr \int_0^{\pi/2} \cos\theta d\theta + \int_0^1 r^5 dr \int_0^{\pi/2} \sin^2\theta d\theta = \frac{1}{2} + \frac{\pi}{24}$$

2. $D_n = \{1 \leq x^2+y^2+z^2 \leq n^2\}$ $(n = 1, 2, 3, \cdots)$ とおいて (2.46) を使う．
$D_n' = \{1 \leq r \leq n,\ 0 \leq \theta \leq \pi,\ 0 \leq \varphi \leq 2\pi\}$ とすると
$$\iiint_{D_n} \frac{1}{(x^2+y^2+z^2)^2}dxdydz = \iiint_{D_n'} \frac{1}{r^4} r^2 \sin\theta drd\theta d\varphi$$
$$= \int_1^n \frac{1}{r^2}dr \int_0^\pi \sin\theta d\theta \int_0^{2\pi} d\varphi = 4\pi\left[-\frac{1}{r}\right]_1^n \to 4\pi \quad (n \to \infty)$$

(2) (1) と同様に
$$\iiint_{D_n} \frac{1}{(x^2+y^2+z^2)^p}dxdydz = 4\pi \int_1^n \frac{1}{r^{2p-2}}dr$$

ゆえに，§1.4 例 14 により I は $2p-2 \leq 1$，すなわち $p \leq 3/2$ のとき発散，$p > 3/2$ のとき収束し，$I = 4\pi/(2p-3)$．

3. (1) $D_\varepsilon = \{\varepsilon^2 \leq x^2+y^2+z^2 \leq 1\}$ $(0 < \varepsilon < 1)$ とおくと，前問と同様に
$$\iiint_{D_\varepsilon} \frac{1}{x^2+y^2+z^2}dxdydz = \int_\varepsilon^1 \frac{1}{r^2}r^2 dr = 4\pi(1-\varepsilon) \to 4\pi \quad (\varepsilon \to 0)$$

(2) (1) と同様に
$$\iiint_{D_\varepsilon} \frac{1}{(x^2+y^2+z^2)^p}dxdydz = \int_\varepsilon^1 \frac{1}{r^{2p-2}}dr$$

よって §1.4 の例 14 により I は $2p-2 \geq 1$，すなわち $p \geq 3/2$ のとき発散，$p < 3/2$ のとき収束し，$I = 4\pi/(3-2p)$．

4. (1) (2.37) による．$D_0 = \{x+y \leq a,\ x,y \geq 0\}$ とおくと

$$\mu(D) = \iint_{D_0} (a-x-y)dxdy = \int_0^a dx \int_0^{a-x} (a-x-y)dy = \frac{a^3}{6}$$

または，(2.39) により切り口（三角形）の面積を積分する．

(2)　$D = \{0 \leqq z \leqq \sqrt{a^2-x^2-y^2},\ (x,y) \in D_0\}$, $D_0 = \{x^2+y^2 \leqq ax,\ y \geqq 0\}$ と変形すると (2.37) により

$$\mu(D) = \iiint_D 1 dxdydz = \iint_{D_0} \sqrt{a^2-x^2-y^2}\, dxdy$$

さらに (2.25) より

$$\mu(D) = \iint_{0 \leqq r \leqq a\cos\theta, 0 \leqq \theta \leqq \pi/2} \sqrt{a^2-r^2}\, rdrd\theta = \int_0^{\pi/2} d\theta \int_0^{a\cos\theta} r\sqrt{a^2-r^2}\, dr$$
$$= \int_0^{\pi/2} \left[\frac{-1}{3}(a^2-r^2)^{3/2}\right]_0^{a\cos\theta} d\theta = \frac{a^3}{3}\int_0^{\pi/2}(1-\sin^3\theta)d\theta$$

§1.3 (1.26) により $\mu(D) = (\pi/6 - 2/9)a^3$．§2.3 例 7 参照．

(3)　$D = \{0 \leqq z \leqq y,\ (x,y) \in D_0\}$, $D_0 = \{-a \leqq x \leqq a,\ 0 \leqq y \leqq \sqrt{a^2-x^2}\}$ と表せるから (2.37) により

$$\mu(D) = \iiint_D dxdydz = \iint_{D_0} ydxdy = \int_{-a}^a dx \int_0^{\sqrt{a^2-x^2}} ydy$$
$$= \frac{1}{2}\int_{-a}^a (a^2-x^2)dx = \frac{2}{3}a^3$$

5.　$D_n(a) = \{(x_1, x_2, \cdots, x_n) \in \mathbf{R}^n;\ x_1+x_2+\cdots+x_n \leqq a,\ x_1 \geqq 0,\ x_2 \geqq 0, \cdots, x_n \geqq 0\}$ とおく．n に関する帰納法で証明する．$n=1$ のとき $\mu(D_1(a)) = a$．つぎに $n = k-1$ のとき正しいと仮定する $(k \geqq 2)$．$D_k(a)$ の $x_1 = t$ による切り口は

$$\{(x_2, \cdots, x_k) \in \mathbf{R}^{k-1};\ x_2+x_3+\cdots+x_k \leqq a-t,\ x_2 \geqq 0, \cdots, x_k \geqq 0\}$$
$$= D_{k-1}(a-t) \qquad (0 \leqq t \leqq a)$$

である．切り口の積分で表してから帰納法の仮定を使い

$$\mu(D_k(a)) = \iint\cdots\int_{D_k(a)} dx_1 dx_2 \cdots dx_k = \int_0^a dt \int\cdots\int_{D_{k-1}(a-t)} dx_2\cdots dx_k$$
$$= \int_0^a \mu(D_{k-1}(a-t))dt = \int_0^a \frac{(a-t)^{k-1}}{(k-1)!}dt = \frac{a^k}{k!}$$

$n = k$ のときも正しい.

§2.6 線積分と Green の定理

問 14 $\int_c (x-y)dx + x^2 dy = \int_{-1}^{2} \{t - (t^2+1) + t^2 \cdot 2t\}dt = 3$

問 15 原点を中心とする回転力の場（左回り），大きさは原点からの距離に反比例する．

問 16 $\operatorname{grad}\varphi = (2xy + y^2, x^2 + 2xy) \ (= (P, Q))$ をみたす φ を求める．$P_y = Q_x$ であるから，例 19 と同様に行う．$P(t, 0) = 0$ より

$$\varphi(x, y) = \int_0^y Q(x, t)dt + c = x^2 y + xy^2 + c$$

【練習問題 2.6】

1. C を三つの線分 $C_1 : (-1, 0) \to (1, 0)$, $C_2 : (1, 0) \to (1, 1)$, $C_3 : (1, 1) \to (-1, 0)$ に分ける．C_1 は $(x, y) = (t, 0) \ (-1 \leqq t \leqq 1)$ とし，C_2 を $(x, y) = (1, t) \ (0 \leqq t \leqq 1)$ とすると

$$\int_{C_1} = \int_{-1}^{1} t \, dt = 0, \quad \int_{C_2} = \int_0^1 (-t)dt = \frac{-1}{2}$$

C_3 は $(x, y) = (1-t)(1, 1) + t(-1, 0) = (1-2t, 1-t) \ (0 \leqq t \leqq 1)$ とすると

$$\int_{C_3} = \int_0^1 \{(1-2t) + (1-t)\}(-2dt) - \int_0^1 (1-2t)(1-t)(-dt) = \frac{-5}{6}$$

$$\int_C = \int_{C_1} + \int_{C_2} + \int_{C_3} = \frac{-4}{3}$$

2. $C : x = x(t), \ y = y(t) \ (a \leqq t \leqq b)$ とおくと，(1.21) により

$$\int_a^b (\psi_x x' + \psi_y y')dt = \int_a^b \frac{d}{dt}\psi(x(t), y(t))dt = \psi(x_1, y_1) - \psi(x_0, y_0)$$

3. $\int_{\partial D} -Q dx + P dy$

4. $Q_x - P_y = y(-p)\dfrac{x}{r}r^{-p-1} - x(-p)\dfrac{y}{r}r^{-p-1} = 0$ であるので，Green の定理により

$$\int_{C_1} P dx + Q dy = 0, \quad \int_{C_2} P dx + Q dy = \int_C P dx + Q dy$$

ただし，C は小さな円 $x = a\cos t,\ y = a\sin t\ (0 \leqq t \leqq 2\pi)$ とする．

$$\int_C Pdx + Qdy = \int_0^{2\pi} \frac{a\cos t}{a^p}(-a\sin t)dt + \int_0^{2\pi} \frac{a\sin t}{a^p}(a\cos t)dt = 0$$

5. $Q_x - P_y = \dfrac{(1-p)x^2 + y^2}{r^{p+2}} + \dfrac{(1-p)y^2 + x^2}{r^{p+2}} = \dfrac{2-p}{r^p}$ が原点以外でつねに 0 であることが必要十分，よって $p = 2$．

6. $P_y = Q_x$ である．$C : (1, 0) \to (x, 0) \to (x, y)$ に沿って線積分する．
$$\varphi(x, y) = \int_1^x P(t, 0)dt + \int_0^y Q(x, t)dt + c = \int_0^y \frac{x}{x^2 + t^2}dt + c = \arctan\frac{y}{x} + c$$

索　引

【ア行】

asteroid	33
一様連続	34
n 次元球の体積	80
n 重積分	70
Euler の定数	43

【カ行】

外積（ベクトル積）	97
cardioid（心臓形）	33
加法性	12, 51
慣性モーメント	80
Γ（ガンマ）関数	26
基本的な原始関数	2
極座標への変換	62
曲面積	97
近似増加列	65
空間の極座標	78
Green の定理	86
原始関数	1
広義重積分	65
広義積分	21
Cauchy	95
弧状連結	52

【サ行】

cycloid	30
（3重）積分	70, 72
C^1 級曲線	29
C^1 級写像	60
質量	79
——中心	79
始点	83
重心	79
重積分の平均値の定理	51
縦線形（じゅうせんけい）	31, 49
終点	83
Schwarz の不等式	14
剰余項の積分表示	36
積分	48, 49, 65
——可能	11, 48, 49, 70, 72
——区域	48, 49
——順序の変更	57
——定数	2
——の下（上）端	11
——の平均値の定理	13
絶対収束	40
線形性	3, 12, 51
線積分	83

【タ行】

体積	73
——確定	73
——をもつ	73
単純な図形	85
単調性	12, 51
単連結	87
置換積分法（変数変換法）	3, 18
長方形	47
（定）積分	11
Descartes の正葉線	32

【ナ行】

（2重）積分	48, 49

【ハ行】

汎調和級数	42
被積分関数	11, 48, 49
微分積分法の基本公式	15
不定積分	14
部分積分法	3, 18
部分分数分解	6
分割	10, 47, 70
分点	10
閉曲線	84
平均値	13
ベクトル場	83
B（ベータ）関数	28
変数変換	18, 60, 78

【マ行】

向きづけられた曲線	83
面積	49, 91
——確定	49
——0	49, 93
——をもつ	49

【ヤ行】

Jacobian	60
有理関数	6

【ラ行】

Leibniz の規則	37
Riemann 和	11, 48, 70
累次化	52, 55, 70, 73
lemniscate	33

【ワ行】

Wallis の公式	38

Memorandum

Memorandum

積　　分　改訂版

© 2014

1995 年 9 月 5 日　　初版 1 刷発行	著　者　　上ᵃᵍᵉ 見ᵐⁱ 練ʳᵉⁿ 太ᵗᵃ 郎ʳᵒ
2013 年 9 月 20 日　初版26刷発行	勝ᵏᵃᵗˢᵘ 股ᵐᵃᵗᵃ 　　脩ᵒˢᵃᵐᵘ
2014 年 8 月 15 日　改訂版 1 刷発行	加ᵏᵃ 藤ᵗᵒ 重ˢʰⁱᵍᵉ 雄ᵒ
2022 年 9 月 20 日　改訂版 7 刷発行	久ᵏᵘ 保ᵇᵒ 田ᵗᵃ 幸ᵏᵒ 次ʲⁱ
	神ʲⁱⁿ 保ᵇᵒ 秀ˢʰᵘ̄ 　一ⁱᶜʰⁱ
	山ʸᵃᵐᵃ 口ᵍᵘᶜʰⁱ 佳ᵏᵉⁱ 三ᶻᵒ̄

検印廃止

発行者　　南條　光章
　　　　　東京都文京区小日向4丁目6番19号

印刷者　　藤原　愛子
　　　　　長野県松本市新橋7-21

NDC 413.3

発行所　東京都文京区小日向 4 丁目 6 番 19 号
電話　東京(03) 3947 局 2511（代表）
〒 112-0006　振替口座 00110-2-57035
URL www.kyoritsu-pub.co.jp

共立出版株式会社

印刷・製本　藤原印刷

Printed in Japan

一般社団法人
自然科学書協会
会員　NSPA

ISBN 978-4-320-11087-8

JCOPY ＜出版者著作権管理機構委託出版物＞
本書の無断複製は著作権法上での例外を除き禁じられています．複製される場合は，そのつど事前に，出版者著作権管理機構（ＴＥＬ：03-5244-5088，ＦＡＸ：03-5244-5089, e-mail：info@jcopy.or.jp）の許諾を得てください．

◆ **色彩効果の図解と本文の簡潔な解説により数学の諸概念を一目瞭然化！**

ドイツ Deutscher Taschenbuch Verlag 社の『dtv-Atlas事典シリーズ』は，見開き２ページで１つのテーマが完結するように構成されている．右ページに本文の簡潔で分り易い解説を記載し，かつ左ページにそのテーマの中心的な話題を図像化して表現し，本文と図解の相乗効果で理解をより深められるように工夫されている．これは，他の類書には見られない『dtv-Atlas 事典シリーズ』に共通する最大の特徴と言える．本書は，このシリーズの『dtv-Atlas Mathematik』と『dtv-Atlas Schulmathematik』の日本語翻訳版である．

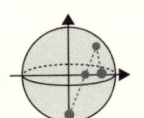

カラー図解 数学事典

Fritz Reinhardt・Heinrich Soeder ［著］
Gerd Falk ［図作］
浪川幸彦・成木勇夫・長岡昇勇・林　芳樹 ［訳］

数学の最も重要な分野の諸概念を網羅的に収録し，その概観を分り易く提供．数学を理解するためには，繰り返し熟考し，計算し，図を書く必要があるが，本書のカラー図解ページはその助けとなる．

【主要目次】　まえがき／記号の索引／序章／数理論理学／集合論／関係と構造／数系の構成／代数学／数論／幾何学／解析幾何学／位相空間論／代数的位相幾何学／グラフ理論／実解析学の基礎／微分法／積分法／関数解析学／微分方程式論／微分幾何学／複素関数論／組合せ論／確率論と統計学／線形計画法／参考文献／索引／著者紹介／訳者あとがき／訳者紹介

■菊判・ソフト上製本・508頁・定価6,050円(税込)■

カラー図解 学校数学事典

Fritz Reinhardt ［著］
Carsten Reinhardt・Ingo Reinhardt ［図作］
長岡昇勇・長岡由美子 ［訳］

『カラー図解 数学事典』の姉妹編として，日本の中学・高校・大学初年級に相当するドイツ・ギムナジウム第５学年から13学年で学ぶ学校数学の基礎概念を１冊に編纂．定義は青で印刷し，定理や重要な結果は緑色で網掛けし，幾何学では彩色がより効果を上げている．

【主要目次】　まえがき／記号一覧／図表頁凡例／短縮形一覧／学校数学の単元分野／集合論の表現／数集合／方程式と不等式／対応と関数／極限値概念／微分計算と積分計算／平面幾何学／空間幾何学／解析幾何学とベクトル計算／推測統計学／論理学／公式集／参考文献／索引／著者紹介／訳者あとがき／訳者紹介

■菊判・ソフト上製本・296頁・定価4,400円(税込)■

www.kyoritsu-pub.co.jp　　共立出版　　(価格は変更される場合がございます)